孔府宴

孔府宴

中国孔府宴

主编　满长征　赵建民

中国轻工业出版社

图书在版编目（CIP）数据

中国孔府宴 / 满长征，赵建民主编. —北京：中国轻工业出版社，2022.6

ISBN 978-7-5184-3989-8

Ⅰ. ①中… Ⅱ. ①满… ②赵… Ⅲ. ①鲁菜—介绍 Ⅳ. ①TS972.117

中国版本图书馆 CIP 数据核字（2022）第 079801 号

责任编辑：贺晓琴　　责任终审：高惠京　　整体设计：锋尚设计
策划编辑：史祖福　　责任校对：朱燕春　　责任监印：张　可

出版发行：中国轻工业出版社（北京东长安街6号，邮编：100740）
印　　刷：鸿博昊天科技有限公司
经　　销：各地新华书店
版　　次：2022年6月第1版第1次印刷
开　　本：787×1092　1/16　印张：9.5
字　　数：212千字
书　　号：ISBN 978-7-5184-3989-8　定价：128.00元
邮购电话：010-65241695
发行电话：010-85119835　传真：85113293
网　　址：http://www.chlip.com.cn
Email：club@chlip.com.cn
如发现图书残缺请与我社邮购联系调换
220301K9X101ZBW

《中国孔府宴》撰稿人

主　编： 满长征　赵建民

副主编： 金洪霞　葛枫萍

撰　稿： 赵建民　金洪霞　葛枫萍　王　伟　郭志刚

摄　影： 王　勇　赵建民

总编审： 赵建民

《中国孔府宴》策划：满长征　赵建民

荣誉出品：济宁市文化和旅游局　济宁市烹饪餐饮业协会

合作单位：山东鲁菜文化博物馆

序

中国孔府饮食文化是华夏民族传统文化宝库中一顶金光闪闪的皇冠，“中国孔府宴席”则是这顶皇冠上一颗璀璨的明珠。然而，昔日的“中国孔府宴席”则是深藏在孔府大院内，只为“衍圣公”家庭少数人提供服务。

孔府，又称为“衍圣公府”，是孔子嫡系后裔承袭居住的地方，其浓厚的文化背景堪称天下第一，这里是名副其实的“道德文章”“诗礼传家”的府第。在这种历史氛围的影响与熏陶下，无论是宴饮的礼仪规格还是菜点的命名，抑或是从规格讲究的祭孔活动到“衍圣公”的日常饮食活动，无不赋予一定的文化内涵，由此形成了孔府饮食文化独特的美学风格。孔府菜的命名就是最好的佐证，如“一卵孵双凤”“诗礼银杏”“阳关三叠”“带子上朝”等。其中许多菜点的形成和流传本身就颇具传奇色彩，因而带有浓厚的文化痕迹。在众多的孔府宴席菜点中，几乎每一款菜肴都有一个故事，每一种面点都赋予一个美妙的传说，甚至孔府的每一种宴席都有着一定的历史渊源与文化内涵。今天的人们能够一边品味着款款美味佳肴，一边聆听服务员对孔府菜逸闻趣事的解说，仿佛是在欣赏一首美丽的诗篇或一幅动人的画卷。这一特色的形成无疑与“衍圣公”在饮食文化方面的刻意追求不无关系，其中有些菜点的诞生和命名本身就直接来自“衍圣公”的审美指点，其文化的韵味是非常显著的。

同时，由于得天独厚的社会地位和文化背景，“衍圣公府”除了要承担每年多次对先祖孔子的祭祀活动外，还要接待来自宫廷官员、各地各级官府官员，以及孔氏宗亲前来曲阜参加的各种活动。其中的饮宴接待就成为必不可少的礼仪活动，并由此形成了独具一格的孔府宴席体系。孔府宴席包括迎接皇帝的迎驾宴、祭祀先圣孔子的祭祀宴，以及不同规格、不同场合的各类宴席，乃至孔府日常用于婚丧嫁娶、寿庆节俗的家庭宴席等。制备如此繁多的宴席菜肴，则需要拥有精湛的烹饪技术以及庞大的孔府厨师队伍及其服务人员。孔府烹饪技艺一代一代地传承至今，形成了我国独一无二的官府饮食文化的代表。为此，中国“孔府菜烹饪技艺”在2011年就经国务院批准列入第三批国家级非物质文化遗产名录。孔府烹饪技艺是“孔府宴席”体系与“孔府菜”体系的基础，就其形成的过程可以看出，作为一个富有深厚文化底蕴和地域特色的技艺体系，肯定不是由一人、在一时、在一地就能够完成的，而是经过了无数代人的长期实践与经验积累，以及历史长河的文化积淀形成的。“中国孔府宴席”的发展历史也证明了这一点，它是经过了千百年无数在孔府司厨的劳动者一代代人的心血付出与智慧积累，以及受孔府文化熏染而逐步形成和完善起来的宴饮体系。因此说，“中国孔府宴”是中华民族饮食文化智慧结晶的代表之一。

而今，孔府宴席已经从昔日的深宅大院走向了广大餐饮消费者的餐桌，成为服务当今社会民众和丰富民生的重要内容之一。为了进一步传承弘扬孔府文化，推动包括孔府宴在内的孔府饮食文化产业的发展，山东省委领导提出了弘扬优秀传统文化，打响“孔府文化”金字招牌的指示。《中国孔府宴》一书就是在这样的背景下应运而生的。自20世纪80年代以来，有关介绍孔府菜烹饪技术的菜谱与孔府饮食文化研究书籍有十几部，对于弘扬孔府饮食文化、传承孔府烹饪技艺起到了巨大作用。然而，迄今为止尚没有一部介绍孔府宴席的专著。《中国孔府宴》一书的面世，将填补这一空白。

《中国孔府宴》的编辑出版，其文化的意义不言而喻，旨在对中国孔府宴席的形成、发展、内涵、特点、审美等方方面面进行系统地梳理研究，彰显中国孔府宴席的真实面貌，为现代人了解孔府饮食文化提供可靠的文本依据，也为中国孔府宴席在现代社会背景的弘扬与发展提供理论依据和实践案例。

《中国孔府宴》一书分为上、下两篇，上篇拟通过对“孔府宴席文化”的梳理与解读，意在对孔府宴席的概念、种类、宴饮礼仪、审美风格、菜肴的命名等几个方面向广大读者与饮食文化爱好者进行阐述，以期让更多的人了解孔府宴席的核心文化知识，为进一步体验包括孔府宴席在内的孔府饮食文化产品打下良好的基础。同时，也是对中国传统优秀文化的传承与弘扬。下篇为“孔府宴席精粹”，精选了“第八届中国（曲阜）孔府菜美食节”展示的十几种孔府饮食文化主题宴席案例，分为“传统孔府宴席”“创意孔府宴席”“融合孔府宴席”三个版块。每一种孔府饮食文化主题宴席分别从文化创意、精选菜品等几个方面，对宴席的风采和特色进行了不同程度的介绍。其中，本书对一些新创意研发的孔府菜肴、点心等，进行了特别的介绍，是从孔府宴席角度了解孔府菜传承、创新、发展的最好视角。

随着我国经济的繁荣发展，昔日仅仅为少数贵族服务的“孔府宴席”经过许多餐饮工作者的努力，现今又以崭新的姿态呈现在广大人民群众的餐桌上，这本身就具有特别重要的现实意义。然而，如果要想使“孔府宴席”能够在新的时代背景下得到弘扬和繁荣发展，就必须在非物质文化遗产的背景下，在全面弘扬孔子饮食思想、传承孔府礼食文化精神的基础上，倡导以“饮食和德”与“饮食文明”为原则，对中国孔府宴席不断进行技艺创新和文化创意，赋予孔府宴席新的生命活力。

是为序。

中国烹饪协会原副会长　冯恩援

2022年4月于北京

孔府宴席赋

少昊之墟，空灵圣诞尼山；阙里之右，隆有孔裔府繁。

衍圣文脉礼仪，尽在斯矣；朋自远来燕飨，不亦乐乎。肴无伊尹割烹，不失方正规制；馔无易牙调味，循得酱姜之和。客来铺陈，华灯帷帐以待；宾至筵席，钟鸣鼎食备焉。

《七设》所言："新城之粳，雍丘之梁，重穋代孰，既滑且香，精稗细面，芬糜异粻。"食不厌精谓也，和神之食也。

《七发》赋云："犓牛之腴，菜以笋蒲……熊蹯之臑，勺药之酱。薄耆之炙，鲜鲤之鲙。"脍不厌细是也，养德之飨兮。

《左传》有云："国之大事，在祀与戎。"文明之光，自有后儒传檄；圣人之绪，赖于圣裔礼祀。"三牲之供，鲤魴之鲙。菰梁雪累，班腐锦文。"彰显周礼仪轨。"玄清白醴，蒲陶醲庐。嘉肴杂醢，三𦼮七菹。"昭示金声玉振。此乃祭礼祀宴也。

唐宋以降，恩隆府邸宏阔，为独尊之盛况；逮之明清，文官一品在列，迺无尚之荣耀。乾隆下嫁公主，圣府旷世恩德。迎迓锦筵，置酒高堂；金罍银觞，肴槅四陈。爰及晚清太后，嘉华六十寿诞。彭氏夫人，带子上朝；贡进寿席，博醢四燕。此乃精治贡宴也。

万寿无疆，帝王独尊；千秋寿礼，衍圣公享。铺彩饾饤高摆，福寿绵长；锦帐缟纨玉璧，馨德永昌。高朋满座熙熙，千席流水绵绵。中馈烟火氤氲，府厨挥汗煎熬。八仙过海罗汉馔，一品仙脔侔瑶桃。此乃圣府寿宴也。

爰及岁时节日、大年除夕，或府中堂，或慕恩堂，或九如堂，或礼佛堂，无不方桌高登，荤肴素馔飘香；及至家庭便宴、文友小酌、拜师谢仪、接风饯行，莫非脍炙杂遝，珍馐灼烁逸芳。此乃礼俗家宴也。

明代"茶陵诗派"之祖李东阳赞曰：

"天下衣冠仰圣门，旧邦风俗本来敦。一方烟火无庙观，三氏弦歌有子孙。"

饮食和德，文明在兹。古风遗韵，礼宾天下。

中国孔府宴，美矣哉！

中国孔府宴，文矣哉！

中国孔府宴，雅矣哉！

中国孔府宴，盛矣哉！

赵建民

壬寅孟春于济南

目录

上篇 中国孔府宴席文化 / 10

第一章 中国孔府宴席综述 / 12
第一节 孔府宴席的概念 / 12
第二节 孔府宴席种类 / 15
第三节 孔府宴饮礼仪 / 26
第四节 孔府宴席审美风格 / 41
第五节 孔府宴菜肴的命名 / 46

第二章 孔府宴用餐具 / 52
第一节 尊贵厚重的祭祀礼器 / 52
第二节 珍贵气派的银质餐具 / 55
第三节 古色古香的瓷质餐具 / 59
第四节 风格典雅的餐桌布置 / 62
第五节 孔府宴席创意餐具 / 64

第三章 孔府宴席酒文化 / 68
第一节 孔府宴中的酒饮 / 68
第二节 孔府酒 / 72

下篇 孔府宴席精粹 / 84

第四章 传统孔府宴席 / 86
第一节 六艺礼宾宴 / 86
第二节 舜耕孔府家宴 / 92
第三节 阙里孔府宴 / 96
第四节 孔府家宴 / 102
第五节 孔府寿宴 / 104

第五章 创意孔府宴席 / 109
第一节 蓝海孔府宴 / 109
第二节 儒风雅韵牡丹宴 / 114
第三节 孔府诗礼宴 / 118
第四节 圣府宴飨 / 122

第六章 融合孔府宴席 / 126
第一节 亚圣公府迎宾宴 / 126
第二节 儒风运河宴 / 131
第三节 孔府品味宴 / 135
第四节 意境孔府菜 / 140
第五节 信达孔府家宴 / 144

参考文献 / 148
后记 / 150

上篇

中国孔府宴席文化

导语

中国孔府宴是从理论层面对孔府宴席的发生、发展、种类、审美等多方面进行解读。实际上，中国孔府菜自20世纪80年代挖掘、整理、公布于众以来，没有多少人真正了解孔府菜及其孔府宴席，包括孔府饮食文化。近40年来，业内已正式出版的孔府菜谱有十几种，除了少数专业人员，在传播层面上没有更多人关注孔府菜与孔府宴席。但孔府菜谱有了出版的基础，而迄今为止关于孔府宴席的专著依然是个空白。本书的上篇拟通过对孔府宴席文化的梳理与解读，能够从中国孔府宴席综述、孔府宴用餐具、孔府宴席酒文化三个方面向广大读者与饮食文化爱好者进行阐述，以期让更多的人了解孔府宴席的核心文化知识，为进一步体验包括孔府宴席在内的孔府饮食文化产品打下良好的基础。同时，也是对中国传统优秀文化的传承与弘扬。

第一章 中国孔府宴席综述

孔府宴席是孔府饮食文化最重要的组成部分之一，也是中国饮食文化不可或缺的重要组成部分。可以毫不夸张地说，在全部的孔府饮食文化中，最辉煌、闪亮的部分就是孔府宴席。孔府宴席是根植于中华文明的肥沃土壤和光辉灿烂的儒家文化之中的。从一定的历史意义上讲，它既是孔府饮食文化的精华部分，又是中国宴席的典型代表。它是我国历朝历代政治、经济、文化、伦理等因素在饮食文化中综合作用的产物和结果。

第一节　孔府宴席的概念

毋庸置疑，孔府宴席，就是诞生于素有“诗书门第，礼仪之家”的孔府。

孔府，是孔子历代嫡系子孙长期居住、生活、繁衍生息的地方。

孔府，又称“衍圣公府”，有“天下第一家”之称，西与孔庙为邻，是孔子后代世袭“衍圣公”的历代嫡裔子孙居住的地方，是我国仅次于明、清皇帝宫室的最大府第，也是中国封建社会官衙与内宅合而为一的典型建筑，如图1-1、图1-2、图1-3所示。

在清朝及其以前，孔府是诞生和生产孔府菜与孔府宴席的场所。孔府的东路是用来提供孔府家庭生活、预备祭祀活动的区域。其中，最有特色的建筑是一个三层小楼的厨房，图1-4是孔府内厨房正面，主要是用来给“衍圣公”及其家人及宾客等提供食品加工的地方。

孔府宴席，是由孔府菜肴、点心、果品、酒水、音乐及其礼仪内容组合的艺术体。通过这种完美的组合艺术形式，能够清楚、完整地反映孔府这个享有“同天并老”“与国咸休”之家的豪华生活情形及奢侈的生活方式。

孔府宴席的起源和形成，可以有许多因素，诸如历史、经济、文化、社会等方面，这些都是从宏观而言的。通过研究表明，孔府宴席形成的直接原因是滥觞于对孔子的祭祀活动。然而，最早祭祀孔子的活动，其实既不奢侈也不具有政治色彩。自汉朝以后，由于孔子的地位发生了巨大的变化，于是在曲阜建造了专门祭祀孔子的

图1-1　孔子像

图1-2　孔府正门

图1-3　孔府大门远眺

图1-4　孔府内厨房正面

孔庙，并且随着历朝历代对孔子的加封，孔庙的规模得到了不断地扩大，其祭祀的规模和等级越来越高，次数也越来越多。孔子的后裔则被历代皇帝封为专司“奉祀”孔子一类的官职。图1-5是现存的孔庙大成殿。这样，使祭祀孔子便成为一种除了宗教色彩之外，更具有广泛的社会功能和政治意义的活动。其祭祀活动的规模也是由简到繁，由廉到奢。因而，形成了最早的祭祀宴席。与此同时，随着孔子后裔政治地位的提高，经济上也有了一定的提升，由此开始建造颇具规模的孔府，于是开始在祭祀活动期间，接待皇室及前来致祭的各级官员。这样，以接待、社交为主要目的宴会形式逐渐形成。并且，由于孔府用于此类的接待，因其对象的不同，形成了由高到低不同的宴席等级和规格。其后，历经唐、宋诸朝代的谥封加爵，使孔子本人及其后裔的地位飞跃上升，从而使宴席的发展水平日益提高，至明、清年间进入昌盛时期，发展为由一般到豪华成龙配套的完整体系。尤其这一时期，孔府与清宫及其当朝的诸多官员都有姻亲关系，使孔府宴席得到了广泛的交流和发展。如孔府内眷在清朝年间多来自皇室及宦官之家，先后有乾隆的女儿、严嵩的孙女、毕源的女儿等嫁到“衍圣公”为媳。这些大家闺秀嫁入孔府的同时，无不是为了显示自己的显赫身份。为此，她们首先在孔府要保持自己的生活方式，于是随带大量女仆及家厨，这无疑给孔府烹饪技艺与孔府宴席的发展创造了有利条件。

图1-5　孔庙大成殿

第二节　孔府宴席种类

孔府宴席是“衍圣公”（严格地说是孔子历代后裔）在欢宴上至帝王、王公大臣，下至地方官员、亲朋好友的迎来送往以及喜庆、祭典中逐渐形成的饮宴体系。这些宴席按其不同的用途及其规格可分为五大类，即进贡、接贺宴，喜庆、千秋宴，如意、祀供宴，节日、雅聚宴，接风、饯行宴。

一、进贡、接贺宴

进贡、接贺宴是孔府中等级最高的一类宴席，带有宫廷御宴的某些特征，其豪华精美的讲究程度与御宴有异曲同工之妙。主要是用来接待帝王、钦差大臣的幸临及明、清年间的“衍圣公”亲自进京给皇帝、皇后祝寿所用的贡宴等。

据有关史料记载，在中国历史上曾有汉高祖、汉明帝、汉章帝、汉安帝、魏文帝、唐高宗、唐玄宗、周太祖、宋仁宗、清圣祖、清高宗，共十一位皇帝，十九次出巡曲阜，幸临孔庙。尤其是清朝的乾隆皇帝，曾八次亲临曲阜。除此，历代帝王派遣钦差大臣到曲阜致祭的官员则达一百九十六次之多。即便是在民国期间，也有一些名人、高级官员先后来过曲阜致祭。这些帝王、官员来孔庙祭孔，虽然是出于一定的政治目的，但却给孔府带来了莫大的恩崇和荣誉。所以，历代孔府的主人——“衍圣公”（民国为“奉祀官”）无不感恩戴德，顶礼膜拜，开设华宴予以热诚的款待。于是，在孔府形成了一类专门用于迎接圣驾及王公大臣的豪华高级宴席。

对于中国历史上的历代官员而言，皇帝的驾幸是最为荣耀的事情。可以说，孔府在这方面的殊荣可能超过历史上任何一位高官宠臣。任何一个帝王的到来，孔府主人总是极尽迎奉献媚之能事。明朝以前，孔府用于迎接“圣驾”及接待“钦差大臣”的宴饮情况因无史料可查考，其详情已经不得而知。但我们可以根据唐宋年间王公大臣迎接皇帝的华宴来窥见一斑。据周密的《武林旧事》所载，宋高宗皇帝赵构于绍兴二十一年（1151年）十月，幸临清河郡王张俊府中，张府为此开设了一桌异常豪华的大宴，用来迎接皇帝的驾临。其宴席所用干果、鲜果、蜜饯、菜肴、点心共计两百五十余道，其中各种冷热菜肴计七十七味，在目前有据可考的宋代宴席中，是规模和规格最高的宴席。[①]

这种超级华宴的制作是非常奢侈的，非一般官府可为。当年的孔府应该已具备制作此类宴席的经济能力和技术水平。我们虽然不能据此断言唐、宋朝几个皇帝亲临曲阜时，孔府主人也是用此类的宴席接待皇帝的。但根据估计，其接驾宴的豪华程度也绝非一般之家可以想象。

有清一代，孔府第七十六代孙“衍圣公”孔令贻曾在慈禧太后六十大寿之际，奉母携妻进京为之祝寿。在京期间，老太太（孔令贻之母）和太太（孔令贻妻陶氏）先后向慈禧太后各进贡一早膳寿宴，其宴席菜单如下。

·老太太进早膳一桌·

海碗菜二品：八仙鸭子、锅烧鲤鱼

大碗菜四品：燕窝“万”字金银鸭块
燕窝“寿”字红白鸭丝
燕窝“无”字三鲜鸡丝
燕窝“疆”字口蘑肥鸡

中碗菜四品：清蒸木耳、葫芦大吉翅子、寿字鸭羹、黄焖鱼骨

杯碗菜四品：熘鱼片、烩虾仁、鸡丝翅子、烩鸭腰

碟菜六品：桂花翅子、炒茭白、芽韭炒肉、烹鲜虾、
蜜制金腿、炒王瓜酱

克食二桌：蒸食四盘、炉食四盘、猪肉四盘、羊肉四盘

片盘二品：烤炉猪、烤炉鸭

饽饽四品：寿字油糕、寿字木樨糕、百寿桃、如意卷
（随上燕窝八仙汤、鸡丝卤面）

这桌早膳贡宴共用菜点四十四味，从数量上看并不算豪华，但用料和制作却是超一流水准的。另外太太所进贡寿宴菜品数量与老太太的相同，菜肴品种大致相同，其中仅少量变化，其规格基本上是一样的。图1-6是进贡寿宴的“万寿无疆燕菜四大件”菜肴。

① （南宋）周密撰．武林旧事．傅祥林注．济南：山东友谊出版社，2001．

图1-6　万寿无疆燕菜四大件

这两桌宴席，摘自《孔府档案》，很清楚地记录了早膳寿宴。早膳，在中国人的饮食习惯中，是不为所重的。一般的家庭，包括官府之家，不过是简单饭食而已，大多不饮酒。有钱的大家庭，其饭菜数量和质量自然讲究些，但也并非把早餐调治得像午、晚餐那样豪华考究。在清宫，仅进贡的早膳就如此奢侈，显然，其食用的意义已经不太大，不过是摆个样子而已。但早餐尚且如此，祝寿的正餐午宴、晚宴之制就可想而知了。

“燕菜全席”是“衍圣公”用来接待显贵达官宾客的最高宴席。此类宴席领衔的头菜必用燕窝。燕窝，又名燕菜，是清朝年间最为珍贵的食品，具有药、补、食等多种价值，至今仍是制作宴席中的上乘之佳肴。

二、喜庆、千秋宴

喜庆、千秋宴是孔府中最为常见的一类宴席。姻喜、婚庆之类的家庭大事，虽然在孔府不是每年都有，但对于举办此类的人生大事，宴席的置办都是非常讲究的。在孔府，无论娶妻嫁女，其对方的社会地位一般都相当显贵，这是因为古代人们讲究“门当户对”。尤其是在清朝年间，能够成为“衍圣公”太太的非一般门第有此殊荣。因而，在孔府中的姻婚嫁娶无不带有一定的社会背景和政治色彩。通过这类活动，能最有效地向世人展示孔府及其孔府联姻的府第的显贵。喜庆宴席，就是最好的表现形式之一。因此，华贵典雅、礼仪排场、充满喜庆气氛的宴席是婚嫁活动中最为重要的内容之一。

喜宴在孔府又根据不同的性质和用处，分为花宴、上马宴、下马宴、公婆宴等。所谓花宴，就是“衍圣公”结婚时，洞房花烛之夜，新郎新娘用的席面。也就是民间常说的入洞房之后，新婚夫妇喝“合卺”酒用的宴席。这种宴席最讲究热烈和寓意，所用的食品、菜点都有喜庆、吉祥、祝福之寓意。上马宴则是“衍圣公”迎亲前所用的宴席。下马宴则是迎亲到府后下马入室，宴请所有来宾的宴席。公婆宴是孔府嫁女时，为女儿孝敬公婆单独制备的一种特定宴席。这几种宴席讲究席面红火热烈，菜品、果品之类无不选用吉祥之物，席间活动又在严格礼仪的规范下，充满欢快、喜庆、吉祥的气氛，使用各种祝福美好的用语，以展示婚宴特有的隆重热烈的特征。

喜宴在孔府多为鱼翅宴席。席面铺陈干鲜果碟、凉菜花拼、大件、行件、面点、饭食等各色馔馐。宴席台面并制有高摆宝粧，上嵌“福寿姻缘”“百年好和”“龙凤呈祥”一类的喜庆吉祥用语。宴中所用干果品、菜肴点心一般多含寓意，或借其谐音讨个口彩。如干果常用红枣、花生、桂圆、栗子等，其寓意为“早生贵子”。菜品中则多用“凤凰同巢”“四喜丸子”“百子肉”之类，以示庆贺及寓意婚后美满、多福多子的美好祝愿。下面是孔府常见的喜宴“燕菜四大件席”的菜单。

·燕菜四大件席·

宝　粧：上嵌“龙凤呈祥”四字

香　茗：茉莉花茶

四手碟：黑瓜子、白瓜子、松子、榛子（每人份）

四干果：大红枣、花生、桂圆、栗子

四鲜果：苹果、安梨、福橘、蜜桃

八凉盘：酱小排、熏鱼、白肚、鸭胗、腊肠、松花、海米炝芹菜、炝金针木耳

四大件：一品官燕、凤凰同巢、喜字八宝饭、红烧鱼

八行件：吉祥干贝、红烧鲍鱼、酱汁鸭芳、爆鱿鱼、软炒鸡、冬菇肉

片、火腿青菜、炒肉芸豆

二点心：龙凤饼、四喜饺（随上冰糖莲子银耳羹，每人份）

一压桌：四喜丸子

酒：　元红酒一瓶

四饭菜：炒菠菜、拌莴苣、炒芸豆、海米春芽

四小菜：府制什锦小酱菜，四碟布上

主　食：馒头、大米饭

这桌宴席是孔府第七十七代孙“衍圣公”孔德成于民国二十五年（1936年）12月16日新婚大典之日，用来接待证婚人和介绍人的高级席面，是孔府较为典型的高档喜宴。另有“鱼翅三大件”“海参三大件”等。

“三大件”席面在孔府，是喜庆宴中较为常用的中高档席面之一。无论是“鱼翅三大件”，还是“海参三大件”，菜点的设计和数量都比较适中，华贵而不显奢侈，热烈而不失典雅。因而，为孔府常用的席面之一。

喜庆宴席中，除了用于欢宴来孔府贺喜的贵宾官员、亲朋好友外，还有一些普通档次的宴席，如“十大碗”，就是专门招待贵宾官员的随行人员、孔府的佃户，以及专业人户前来贺喜的人。据《孔府内宅轶事》记载，第七十七代孙“衍圣公”孔德成结婚时，虽然已经是孔府衰落的时候了，但仍然大摆宴席几百桌，其奢侈程度可见一斑。

千秋宴，又称寿宴，是孔府中用于府内活动较为常见的一类宴会，而且年年都有祝寿活动。不过孔府的祝寿活动虽说每年都举办，且一年不止一次，但其规模则大小不同。逢“衍圣公”及其母、妻大寿之年才举行盛典，以示祝贺，而通常之年则规模较小。大寿之年，一般为三十岁、四十岁、五十岁、六十岁，六十岁以上大寿之年则略多，与曲阜民间习俗相同。最豪华的寿宴为“高摆宴”，只有“衍圣公”及其母、妻大寿之年才操办。图1-7~图1-10是高摆寿宴的宝粧摆件。孔府举办寿宴的数量是相当多的，其规格也相当高。据《孔府档案》记载，清光绪二十七年（1901年），第七十六代孙“衍圣公”孔令贻过三十岁生日时，曾摆设各类宴席710余桌，欢宴十余日，耗费钱610万两文银。[①]孔府举办一次寿宴的铺张情形，也说明寿宴在孔府中的重要程度。孔府中的寿

① 《孔府档案》（未编号）“喜寿生活账六件”中的“七十六代公爷三旬荣庆席面账”。

宴，高档的多为鱼翅席和海参席，以“鱼翅四大件”和“海参三大件”常见，另有“十大碗”“八大碗”“六大碗”的普通档宴，以供来贺寿的佃户及随主人来府贺寿的随行服务人员之需。

图1-7 “福”高摆件

图1-8 “寿”高摆件

图1-9 “绵”高摆件

图1-10 “长”高摆件

三、如意、祀供宴

如意宴，又称丧葬宴、白喜宴，是孔府中用于办理丧事的专门宴席。在孔府，除了喜庆、寿诞之类的庆贺宴席特别铺张隆重之外，其丧事举办的如意宴也是非常讲究的。大办丧事，是中国人自古传承的习俗。“慎终追远”是孔子在两千年前就提出的生活准则，孔子后裔始终秉承不悖。在孔府无论是出于对死者的悼念，还是出于对儒家礼仪的沿袭，抑或还有社会的、政治的、伦理的原因，对于丧葬之奢侈可谓登峰造极。“衍圣公”或公夫人故逝，朝廷一般都要拨专款以助办理丧事，并命钦差大臣到曲阜致祭，于是丧葬期间用于接待的宴席也是十分频繁和豪华的。

孔府在办理丧事过程中所设宴席，已经超出了丧事的本身，而完全是一种显示身份与地位的形式，抑或借办丧之机广敛财钱。据史料载，第七十六代孙“衍圣公”病逝时，上至北洋军阀政府大总统徐世昌，下至绅商村民均前来吊祭，仅收到的挽联、挽幛之类就达1000余件。至出殡日，仪仗队伍就有1200余人，出殡队伍长达四公里。是日仅制备排摆的各种宴席达1000余桌，其耗费情形可想而知了。据末代“衍圣公”孔德成的胞妹孔德懋在《孔府内宅轶事》中记录说，此次丧葬用去洋银11000多元，钱币19600余吊。

孔府用于丧事的如意宴，按其丧葬者的身份等级以及接待前来吊祭客人的不同身份，也有不同的规格，形成了由高到低的系列宴席。孔府常见的如意宴抄录一例如下。

·鱼翅四大件席·

二手碟：黑瓜子、白瓜子

八凉盘：风鸡、熏鱼、蜇皮、松花、酱排、熏腐干、芥末白菜、卤煮花生仁

四大件：白扒翅子、清蒸鸭子、红烧鱼、冰糖肘子

八行件：炒软鸡、瓦块鱼、熘白肚、白肉、炒双冬、南煎丸子、豆腐饼、海米椿芽

酒：　绍兴酒

三压桌：烤排子、蝎子尾、鸭羹

鲜　果：苹果、莱阳梨

与如意宴意义接近的宴席，是孔府中最为讲究的祀供宴。祀供宴，主要是用来祭孔和其他祭祀活动中的特定形式，其规格也有高低之分。孔府的祭祀活动可分为“大祭”“小祭”两种形式。“大祭”要摆设“大供”，每逢“衍圣公”及其夫人的周年忌日，都要设“大供”以祀之。“大供”所用的祀供宴一般规格较高，有“燕菜席”“翅子席”等。“小祭”一般是死者年代久远的忌日或生日忌辰所设，则用“小供”。所用祀供宴则有“海参宴”“十大碗”等中低档宴席。逢年过节孔府也要供祭。尤其是过年，不仅要祭列祖列宗，还有各类神灵，因而“大供”与“小供”都设，根据地位不同有所择用。如《孔府档案》记载：清光绪三十四年（1908年）除夕设有：

大佛堂全供	二十六桌半
小南屋财神十碗供	一桌
文昌十碗供	一桌
西学五碗素供	二桌

祀供宴对于死者而言不过是虚设而已，没有实用意义，因为死人是不会享用的。而其后人（活着的人）则运用这种形式，借以悼念亡者，同时也是寻求奢侈生活的一种方式。祀供宴无论豪华还是一般，最后的享用者还是活着的人。

四、节日、雅聚宴

在孔府，除了那些隆重的活动要举宴之外，每逢年节及和亲朋好友相聚时，也设宴欢饮。不过这种宴席比较轻松、随意、简捷，宴席程序及菜点等食品、饮品的数量、种类没有严格的规定。通常节日举宴，以家人喜欢吃的菜肴为主，让厨师任意调制，比较宽松、愉快，以全家合欢为目的。与亲朋挚友相聚时，或谈诗论文，或互通商情，举宴也取其灵活，宴饮菜点可随客人任意取舍，或临时点菜，形式非常活泼。特别是文友雅聚，把酒神聊时，更有一种无拘无束、欢快热闹的气氛。有时夏日纳凉饮宴设于后花园亭榭中，全家人一起，边吃边谈，此时便没有了那些严格的规矩，充满一种祥和、温馨之家情。根据孔府及曲阜当地的习俗惯例，不同的节日，宴中还应设有特定意义的菜肴及其他食品，以增加节日的欢乐气氛，也借以表达孔府主人对美好生活的一种向往之情，同时也祈求上天保佑孔氏家族永远兴旺昌盛。

孔府用于节日、雅聚的宴席因形式随意，宴席种类不拘一格。因而，宴席类型较多，现录其中几种，以飨读者。

・常宴一品锅席・

四凉盘：拌三丝、海蜇、风鸡、鸭胗

四大件：烤排子、红烧鱼、罐蹄、黄焖鸡

一品锅：鱼翅一品锅

四饭菜：海参杂拌、烩鸭腰、炒双冬、冬菜烧豆腐

・常宴鱼翅席・

四凉盘：盐水虾、香肠、海米椿芽、鸭胗

四大件：蟹黄鱼翅、红烧海参、挂炉鸭、鸳鸯鱼

八行件：炒软鸡、熘鱼片、烩鸭腰、爆肚仁、拌三鲜、烧芋头、蜜汁马蹄、冰糖百合

四饭菜：海米冬瓜汤、肉丝炒芸豆、腐干烧芹菜、海米椿芽

・常宴两大件席・

六凉盘：盐水虾、酱肉、熏鱼、松花、黄花川、海米芹菜

二大件：三鲜海参、清蒸元鱼

六行件：炒软鸡、爆肚仁、烩鸭腰、熘鱼片、锅煽豆腐、蜜汁百合

・常宴六六席・

六凉盘：盐水虾、酱肉、熏鱼、松花、海米椿芽、鸭胗

二大件：把儿鱼翅、清蒸鳜鱼

四行件：炒软鸡、油爆肚仁、烩鸭腰、海米珍珠笋

四压桌：扒瓤海参、清汤鲍鱼、清蒸白木耳、蜜汁银杏

主　食：鸡丝卤面

五、接风、饯行宴

在明、清年间的孔府，除了上至皇帝，下至文武百官经常来曲阜巡视致祭，要用设宴接待外，孔府还有一类家庭内部的接风、饯行宴席。如“衍圣公”外出公干或进京办事，特别是奉皇帝诏谕进京及专程进京给皇帝皇后祝寿之类的活动，孔府及族长每每要设宴为之饯行，回来后还要设宴为之接风。就连清朝年间的孔氏八大府，凡有升迁上任及任满荣归故里等活动，族长及族人也要为之设宴饯行或接风，借以显示孔氏家族关系的和睦及亲情，这也是孔子“仁爱”“孝悌”思想的一种传承形式。

此类宴席的制备，有时是在一般性的宴席的基础上，增加或更换几款菜肴，使宴席具有特定的意义。像饯行宴中一般要有“阳关三叠”“一路平安”“连升三级”“九层鸡塔”“福禄肘子”一类的菜式，以增加宴席的气氛。接风宴也要根据不同的情况，在宴席中制作有特别意义的菜品。如第七十六代孙“衍圣公”孔令贻奉母携妻进京为慈禧庆贺六十大寿后，荣归曲阜，族长便在孔府大摆宴席，为“衍圣公”母子接风，不仅为“衍圣公”，其实也是为孔氏家族歌功颂德，为此特制了一款“带子上朝”的菜肴，以增加接风宴的意义和气氛，同时也是对皇室所给予的礼遇恩宠的颂扬及对孔氏先祖的昭彰。孔府中用于家人饯行和接风的宴席一般没有严格的定式，可根据不同情况变化设计，但一般却都很认真严谨。兹录两例如下。

·鱼翅四大件席·

二干果：瓜子仁、花生仁（每人份）

四干果：桂圆、栗子、榛子、红枣

四鲜果：苹果、蜜橘、葡萄、石榴

四蜜果：大青梅、杏脯、甜杏仁、耿饼

八凉盘：拌肚丝、炝鸡丝、羊口条、鸭胗、松花、香肠、金银针、兰片冬菇

四大件：白扒鱼翅、红扒鱼肚海参、神仙鸭子、福禄肘子

八热炒：炒软鸡、熘鱼片、油爆肚头、葱椒腰穗、清汤鲍鱼、肉丝熨斗、虾子玉兰片、拔丝山药

二点心：大酥合、小肉包（随上山楂酪，每人份）

四瓷罈：烩乌鱼蛋、四喜丸子、丁香豆腐、烤牌子

四饭菜：杂烩、芽韭炒肉丝、锅煽菠菜、烧面筋

一汤菜：奶汤黄菜心

四酱菜：酱核桃仁、酱王瓜、卤鸭蛋、乳腐

二饭食：大米饭、香稻粥

酒：绍酒

·鱼翅两大件席·

二干果：桂圆、栗子

二鲜果：蜜橘、葡萄

八凉盘：拌鸡丝、熏鱼、风鸡、酱鸭、海蜇、松花、火腿、炝冬菇

二大件：鸡煨鱼翅、福禄肘子

二瓷罈：四喜丸子、冰糖银耳

四饭菜：韭黄炒肉、九层鸡塔、杂烩、炒豆腐

二面食：千层馒头、荷叶饼

二饭食：大米干饭、香稻粥

一汤菜：海米冬瓜汤

酒：绍酒

图1-11是由孔府厨师葛长田、葛寿田等在1984年烹饪制作的一组孔府菜。

图1–11　1984年烹饪制作的一组孔府菜

第三节　孔府宴饮礼仪

我国古代人民对于宴饮活动，除了为其满足生理需要以及对美馔佳肴的享受之外，更重视借助饮食的形式表现其容仪，展示其礼节，谐修其人伦教化。也就是所谓的“寓礼于食”“寓教于食”。《礼记 · 礼运》就有：“夫礼之初，始诸饮食。”《周礼 · 大宗伯》也说：“以饮食之礼，亲宗族兄弟。”由于宴饮活动如此重视礼仪节俗，因而，我们中国所有的宴席离开了节仪礼俗，也就失去了宴席的社会意义。在孔府这个素以“诗礼传家”的“圣府”宅第内，举宴活动的礼仪节俗更是严格繁缛的，整个宴饮过程几乎都赋予了礼仪的内容，在宴饮中是绝不能相违背的。

寓礼于食，这是孔子当年最重要的饮食观点之一。仅以宴席而言，孔子在《论语 · 乡党》中就规定说：“席不正，不坐……君赐食，必正席先尝之……”① 正席而座，以示礼仪的严肃性。所以在后世的孔府，无论从宴席的席面摆设到

① （宋）朱熹撰．论语集注．济南：齐鲁书社，1992．

举宴的环境氛围，还是菜肴点心的摆设位置、先后顺序，以及客人的迎送揖让，都有严格的规定和礼仪的要求，而且不同的宴席还要讲究不同的容仪礼俗。孔子当年就有“子食于有丧者之侧，未尝饱也”的礼仪举动。参加丧葬宴，出于对死者家人的同悲之情，不能把饭吃饱，这是很严肃的仪节。当然，随着孔府地位的变化，宴饮中的许多礼节也在发生变化，但在宴饮中所体现的等级制度却是绝对不能变的。

如上所述，“铺筵、席，陈尊、俎”（《礼记·乐记》）是一件非常认真的事情。古人设宴，非今日之方桌高椅，而且铺席（或筵。席、筵均是古代的一种坐具）而坐。为了区分等级，《礼记·礼器》规定：“天子之席五重，诸侯之席三重，大夫再重。”不仅坐具有严格的区分，而且列鼎而食的数量也有明确规定：“天子之豆二十有六，诸公十有六，诸侯十有二，上大夫八，下大夫六。”[①]这在统治阶层中是不能逾礼而食的规矩，否则就是“犯上作乱”之举，是犯死罪的。官府举宴是这样，在民间以敬老的宴飨之礼，也有尊卑长幼之序，且按齿岁区别等级。据《礼记·乡饮酒》云：六十者三豆，七十者四豆，八十者五豆，九十者六豆，所以日月养老也。[②]年龄不同，陈膳俎豆则有别。这就足以说明宴饮活动从上到下，无不是以礼仪规矩规范人们的行为的。在孔府举宴，虽然待客之道往往以显示孔府的社会地位为其主要目的，但不同的客人仍需按不同等级的宴席规格以待，却是古今不变的，这在前文已有所述。

一、铺设美观的宴席台面

孔子有“席不正不坐”之训，是从礼仪的角度，对宴席陈设摆布的要求。所以，在孔府，宴席席面的摆布设计是十分讲究的，尤其是府内的高档宴席，更不能有半点违礼之处。由于孔府宴席种类众多，我们在此选择有代表性的高摆宴与喜庆宴的台面摆设加以简介。

1. 高摆宴的台面设计

所谓高摆宴是孔府中较为高级的一种宴席，或用银质餐具，或用配套的博

---

① 林尹注译. 周礼今注今译. 北京：书目文献出版社，1985.

② 陈澔注. 礼记集说. 上海：上海古籍出版社，1987.

古餐具及其高摆餐具。此类宴席主要是用来接待皇室及其王公大臣等要员的，因而非常考究。

高摆宴一般设在孔府前上房大厅内举行，孔府前上房的陈设装饰虽说比不上皇宫的金碧辉煌，却也是古朴典雅，富丽堂皇。宴桌一般为八仙桌，根据就餐人数布位陈设。为了点明宴席的主题，增加宴席的气氛，厨师要用糯米面团制作四个圆台形饰物，通常称为“高摆”或“宝粧”。每个高摆底部直径约15~20厘米，高30~40厘米，每圆柱表面要用黑芝麻、瓜子仁等镶嵌出各种图案及吉祥用语，并且与宴席意境相吻合。分别摆放在八仙桌的四个角位上，起美化席面的作用，类似古代“饾饤”之类的陈设。然后，将干果、鲜果、茶具、酒具、杯、匙、碟、筷等按其疏密得宜、错落有致、远近相适、前低后高等原则摆陈于桌面。一般干鲜果盘使用高摆式果盘，摆陈于四宝粧之间，便于客人食用，餐饮用具则按由高到低的次序陈于座客的右手位。

八仙宴桌四周须用桌围布装饰一新，色泽则根据宴席性质搭配，或庄重，或热烈等。椅子也要配饰椅套之类，以显示其豪华尊贵的气氛。大厅内，则多有古画字联悬于四周墙壁，条几之上则多有古董古玩陈列，以增加文化气息，使整个宴会厅内呈现出庄重典雅、高贵大方及文化氛围浓厚的风格。这样的举宴环境，再配上精美华丽的餐具，浑然一体地展示出孔府“道德文章”“诗礼传家”的儒者风范。

2. 喜庆宴席的台面设计

孔府喜宴与高摆宴在摆设上虽然没有严格的区别，但高摆宴讲究庄重严谨，而喜宴则注重热烈红火的气氛。大厅内的环境布置也与宴席协调一致。一般大厅内正中墙上，挂有中堂，上画福禄寿禧的神位，两边各有条幅韵联垂挂。中堂画前，陈一条几，几上陈列大红烛一对及其他喜庆吉祥之物。周围几桌上的古董瓷器均披挂上用红纸折剪的大红双“喜”字。宴桌台面铺陈大红桌布，各种餐饮具讲究淡雅明快，干鲜果盘铺上大红双“喜”字，每位客人面前的手碟内也摆上双“喜”字。宴桌四周则用大红绸布围而装饰。总之，只要客人一入宴会厅，就感受到一种欢乐、喜庆的气氛。图1-12、图1-13是旧时孔府喜宴、寿宴的背景图。

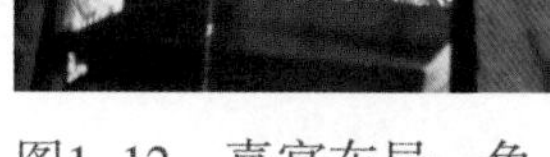

图1-12　喜宴布局一角

图1-13　寿宴布局一角

二、宴饮进食节仪与原则

孔府宴席不仅在席面铺陈摆设方面有一套完整的规格要求，而且尤重视进食过程中的礼节礼貌。孔子有“君赐食，必正席先尝之”的训导，这是孔子对君上赐食时的节仪标准。在后世的孔府，所有的宴席就始终以先祖的食礼准则为举宴准则，不敢有违。

进食仪礼首先是宴用器具必须干净整齐，否则，就是对客人的失礼。正如《国语·周语中》“定王论不用全蒸”中所言：“无亦择其柔嘉，选其馨香，洁其酒醴，品其百笾，修其簠簋，奉其牺象，出其樽彝，陈其鼎俎，净其巾幂，敬其祓除，体解节折而共饮食之。”[1]这是多么恭敬的以待来宴者。只有这样，才算尽到了办宴者的礼数。

客人入席前应先“摄衽盥漱”。就是说，宴饮之前，无论客人、主人都要整齐衣冠，洗手漱口，以尽洁净之礼。在孔府配套的餐具中均备有漱口盅、洗手碟之类的器具。

宴饮中则有座次、摆食方法、进食次序、劝进祝对等一系列礼仪规则。座次在宴饮中，除了主、客之分外，最重要的则是体现尊卑长幼之序。古人称君臣、父子、兄弟、夫妇、朋友为五伦，另有师生关系如父子对待。在孔府，则

① 左丘明．国语．上海：上海古籍出版社，1978．

严格地遵守这些伦理关系。五伦之中，尚有亲疏、远近之别。因而，每举宴之前，有专门司宴人员排列入宴者的席位座次，非常严谨细致，唯恐出现错误而有失“圣人”之后的尊严。

菜肴、食品的摆排方法也有规定，这在摆台中就应体现出来。孔府则基本上是循古之旧例。据《礼记 · 曲礼上》说，古人设宴，则是“凡进食之礼，左殽，右胾，食居人之左，羹居人之右。脍炙处外，醯酱处内，葱渫处末，酒、浆处右。”[①]这种摆食规则，无疑与古人的进食习惯有关。人们一般均用右手进食，所以要把习食的菜肴、酒饮之类放在靠近右手的地方。久之，便沿习成序而成为规定中的礼仪了。

按孔子旧礼规定，每宴之前，则有祭祀等仪式，后人虽已不为之继，但进食过程中也是有一套先后次序的规定。其原则大抵是先食后饮、先菜后肉、先饭后果，不过这是旧的习俗节仪，今已不多用。清朝年间，府宴惯例，一般是先贵后贱、先咸后淡、先菜后汤、先饮后饭，由浓到薄等。有些菜肴上桌摆放，也有规定。古人设宴，有头尾之分，即今日之上下席位。古礼规定：“奉席如桥衡。”郑玄注：“横奉之，令左昂右低，如有首尾然。桥，井上桔槔，衡上低昂。”[②]宾有主次，席有上下，献菜则要根据宾、主之位摆放。如整形之肴的鸡、鸭、鱼等不能随意陈放。山东民间素有“鸭不献腹，鱼不献脊”的礼俗，虽非定制，却属常规。孔府属文人之家，旧制鱼脊之献有“武背文肚”之别。即文人举宴，以鱼腹为贵，武官举宴，则以鱼脊为上。所以，孔府宴席之上，鱼肚要面对主客，以示恭敬之意。

孔府宴中，也有劝进祝对等活动，甚至歌舞侑酒等娱乐项目，这要视具体情况而定。接待地位比“衍圣公”高的帝王大臣，则只能恭敬相陪，殷勤劝进，比较严肃拘谨。而寿喜等庆贺盛宴，则多有戏、舞以伴，或奏乐鸣钟，或作文献赋，以增加其喜庆欢乐气氛。宴中敬酒之礼，在孔府也是十分讲究的。主人敬客人之酒，客人不能尽饮，仅品尝而已，这是承袭旧制之礼。新郎新娘敬客人酒，则以双数为嘉，不可单杯等。如果是文朋诗友相聚而宴，则相对宽松，可赋诗作对，行令投壶以助酒兴，在孔府是常见的。现存府中的酒具中，就有几种酒令杯，专为罚酒而设，就是例证。

---

① 陈澔注．礼记集说．上海：上海古籍出版社，1987．

② （唐）孔颖达疏．唐宋注十三经 · 礼记注疏．北京：中华书局，1998．

宴饮食毕，换盏献茶，漱洗以待之。

客人离府，重要客人由主人送至门外，以示敬意，主客双方寒暄数言，才揖让礼别而去，一般客人，则由府内官员相送。

三、丰富多样的各类宴席礼仪

1. 祭祀宴席礼仪

孔府的祭祀宴，应包括祭祀活动中的上供宴和招待来宾及族人的宴席。

祭祀供宴是孔府对先祖孔子祭祀为主的宴席，这也是孔府后代的主要任务。除此还有祭家庙、影堂、慕恩堂、报本堂、大佛堂等，再是对在世“衍圣公”的前三代“衍圣公”及其夫人生日的“明祭”和卒日的“卒祭”，以及对各类神祇的生日祭祀供宴。从《孔府档案·光绪三十三至三十四年常例祭供及酒席饭菜支款账簿》中可以知道，孔府祭祀的上供宴席也分着三六九等：

孔庙丁祭的供席为翅供3桌，参供2桌，九味供1桌，六味供1桌；

祭孔林为十味供3桌，五味供20桌；

慕恩堂供例为六味供1桌；

影堂所供较简单，为供菜4碟和拉汤4小碗。若逢孔府主人生日等喜庆之日，供席规格升高，如光绪三十四年（1908年）十月二十九，孔子第七十六代孙“衍圣公”孔令贻36岁生日，则“影堂、慕恩堂翅供3桌，九味供1桌，六味菜、参供2桌，共支钱二十千二百文”；

大佛堂，在孔府东学，供奉72位总神，其供宴之例为小供1桌，有时也为十味供2桌；

报本堂供宴与影堂同；

“衍圣公”明祭、卒祭的例供，为翅供1桌，十味供2桌。因孔子第七十二代孙“衍圣公”夫人于氏特殊的身份，故而于氏与其夫君孔宪培，在祭席上比其他“衍圣公”及其夫人多出“九味供”“六味菜”各1桌。

供奉各类神祇的祭宴，较为普通。祭灶王、玄帝为十味供1桌。祭天地神、火神、财神、老郎神、仓神、旗神、马王爷等均为十味供各1桌（祭老郎神加大号十味供1桌，祭旗神加小供1桌，祭马王爷加素供1桌）。文昌、关帝之祭供宴较丰盛，为翅供1桌、五味供4桌或十味供4桌。祭华佗为五荤五素供1桌。祭酒仙、冷神、龙王、土地爷最为简单，只1鸡1鱼而已。

清代光绪末年，孔府已是没落时期，连“衍圣公”本人读书都请不起名师了，府内的戏班子也养不起了，故而，祭祀宴席也降格了。就是这降格的供宴，依光绪三十四年十月一日“例供支钱三十八千九百七十文”的记载推算，一年间用于祭祀的上供宴，也当在50万文左右。

祭祀宴第二类是与祭者祀祭活动中的接待宴席。主要是孔庙丁祭的燕飨，每次都要大摆宴席数百桌，招待来宾和致祭的族人等，这一宴饮的礼节，前文已述。大祭之前，礼、乐生要在孔庙内预演3天，这期间，习礼习乐生员和致祭人员均在庙内享用大筵。另外，孔府中各种各类、各时各节的名目繁多的祭祀，也都给与祭者开筵。

这里需要说明的是，《孔府档案》记录的“翅供”“参供”分别是指“鱼翅供席”和“海参供席”。

2. 宴宾宴席礼仪

由于曲阜孔庙祭祀孔子的神秘力量和神圣影响，以及“衍圣公府”特殊的政治职能和社会地位，使得历朝历代的帝王将相、权臣达宦、文人名流都成了孔府的客人，真可谓是华盖如云、门庭若市。

孔子嫡裔家庭，在汉高祖刘邦驾临曲阜时，还基本上是个清贫并不富有的书生之家，远非望族。至宋代，才基本形成了初步规模的贵族府第，但因史料匮乏，有关迎送宾客的情况不得而知。有明一代，孔府宴宾资料亦是阙如。到了清代，才有了较详细记载，后世人们把它整理为《孔府档案》。

孔府主人对连踵贵客、满座高朋，尤其是对帝王、钦差、朝廷命官，更是竭尽诚敬，热忱盛宴款待。并根据赴宴者官职高低、族人的亲疏以及礼仪轻重，而规定出不同规格的宴席形式。其各种宴席的区别，表现在设宴的场所、菜肴的贵贱、肴点的多少以及器皿的不同等方面。宴宾宴分为上、中、下三等，最高级的酒席，称为“燕菜全席”。因酒席需用特制的高摆餐具，故又称作“高摆酒席”。历代皇帝和近代的一些名人来曲阜时，都享用过这种宴席。每宴，上菜130多品。主宾席不围桌而坐，要有一空缺，齐桌围摆4个高摆，江米面做的，1尺多高的圆柱形，摆于4个大银盘里，高摆的表面和银盘中密密麻麻镶满各种干果，有莲子仁、瓜子仁、核桃仁等，且选不同颜色、不同形状的干果，镶出精巧绚丽的花纹图案，在高摆的正面还要镶出一个字，4个高摆上的4个字连成宴宾的祝辞。制作高摆需要很高的技艺，通常要由12名厨师协同制作两天，才可完成。这种燕菜全席的高摆规矩，来自清廷宴席礼制，而清廷这一饮宴之制相袭明代的宫廷食礼。这一燕菜全席，具体的菜谱还不详，《孔府档案》只留下支款的记录。

3. 寿庆宴席礼仪

五福齐全，是中华民族传统的生存追求。所谓五福，即长寿、富有、健康、美德、正终。五福第一位的是寿，因此，未寿祈寿、已寿祝寿的喜庆之宴，便成为具有鲜明民族特色的家庭饮食文化。孔府寿庆宴可称为此种文化的代表，而由于孔府是家庭与官衙融合一体的地方，因此孔府又是清代官府饮食文化的代表。

“衍圣公”及其家人寿日，称“千秋”。孔府主人千秋，多是连日庆贺，或半月或20天，届时阖府参加寿宴，举城庆贺，本族各府门头本家、城关士绅工商、各级官府官员等，皆来孔府送礼祝寿。储公和小姐的寿日，一般是准备两天，庆贺一天。

寿庆之日，上午9时左右，孔府各厅房管事集合属员，顺序前往前上房或前堂楼，给“衍圣公”或“衍圣公”夫人拜寿，拜毕领到孔府主人赏发的“红包”后，各自回房，负责招待来府拜寿的宾客。每次寿庆，府内张灯结彩，人来人往，宾客盈门，华诞广张。因此，内厨、外厨全部上班开火。内厨负责各级官员和各府本家酒席的置办，开筵于西花厅和忠恕堂；外厨负责准备外客和阖府佣人的饭菜酒席。寿庆宴，大体分为高、中、低三档；每桌或3人，或5人，最多7人。每桌除上不同档次的菜肴外，均上2斤酒、2两茶叶、8斤馍。

在寿庆的宴席里，主要和最具代表性的是受贺人的宴席。这一席面，高摆多镶有“寿比南山”之类祝贺词语。果碟、菜碟也要有一定的含意，或取其谐音，或用其吉祥，或用之祝嘏，或寄之亲情，如长生果（花生）果碟，寓“长生不老”等。寿宴中还有特定的菜品，如“一品寿桃”“寿字鸭羹”“葫芦大吉翅子”“鸡子寿面”。

除受贺人及其他家庭主要成员的翅子鱼骨席、参席外，还有酬宾的翅子席，海参中席，以及赐赏族人、执事人员和差仆匠役的直呼菜肴品数的“八个菜”“六个菜”“四个菜”等席面。这高、中、低不同等级的席面，便构成了孔府寿宴的全部。每次寿庆，场面浩大，耗资颇巨。如孔子第七十六代孙“衍圣公”孔令贻30岁生辰时，庆贺了10多天，从高档的燕菜席、翅子席到普通的十大碗、四碗六盘的宴席，共摆了710多桌，费资610多万文。

清咸丰二年（1852年），孔子第七十四代孙“衍圣公”孔繁灏的夫人千秋寿诞，其庆祝活动从八月二十四一直持续到九月初五。因中间隔有圣诞祭和朔日祭等，实际寿庆只有6天，而宴飨一项就耗资“一千三百八十九千文”。其中，八月二十四一天就使钱五百三十二千文，摆宴160多桌。

寿庆宴中，寿面是必备的，为打卤面。《1912年大厨例菜酒席账簿》中有“衍圣公”孔令贻40岁生日擀面条的记录：十月二十九，“擀寿面，要鸡子二十个，五百二十文；面卤子十三碗，一千八百二十文”。用鸡蛋和面，面硬有韧性，擀、切成的面条，长且筋道，寿面便取其“绵长”之意。

在孔府寿宴礼仪中，最为豪华的应当属于进宫献寿礼仪的宴席。明清两朝，每逢皇帝、皇后寿诞之日，“衍圣公”及其夫人都要进京去宫中恭贺万寿。除由曲阜带去各种土贡外，有的还在京城的赐第中，筹办寿宴送往内宫，以表由衷恭贺之忱。如光绪二十年慈禧太后六十寿辰，孔子第七十六代孙“衍圣公”孔令贻携妻奉母进京贺寿，曾向慈禧进贡两桌寿宴。

4. 婚庆宴席礼仪

孔府宴席中，变化较多的便是婚庆喜宴了。有专为新郎、新娘烹制的特殊席面——花宴，有招待贵宾的100多款菜肴的“九大件”，有招待上等宾客搭配40多款菜肴的“燕菜四大件”“海参三大件”，有招待普通客人的“海参两大件”，以及招待户人仆役的“十大碗”“四盘六碗”席等。其中，花宴所用各种干果、果品、菜肴和点心，大多都要有一定寓意，例如四干果，用花生、栗子、桂圆、红枣，寓有“早生贵子”之意，高摆上的祝辞，是“福寿鸳鸯”之类的祝福语。“九大件”“四大件”的婚庆宴，同时具有酬宾宴飨的性质，故也可以视为筵宾宴席的一种。

孔府婚庆喜宴，门类齐全，且等级分明。由《孔府档案·历代衍圣公暨其亲属婚姻喜帖》的记载可知，孔府婚庆，来宾上自军国大吏、当朝显要，下迄各级权司吏守、清流役夫。故而，喜宴规格变化多，开张数量大，极盛时逾千桌。这便要求孔府婚庆宴，须在严格仪轨的原则下，设计规定、组织调度成格外隆重热闹和豪华的场面。如孔子第七十四代孙孔繁灏续娶毕氏时，曾将婚庆宴的等类、菜目及价码，做过明细的规定。如“海参三大件”一类席面，应有八凉盘、八热盘、三大件、四饭菜、二道点心、大米饭等，每桌合钱8500文。

并规定出“海参三大件”“海参两大件”“四凉四热海参十大碗”“四盘六碗”“八味菜”“六味菜”6个档次的席面。孔繁灏当时虽只是储公，但婚礼场面也非常隆重，所娶毕氏夫人，因是乾隆间状元兵部尚书毕沅的孙女，湖南岳州同知毕鄂珠的长女，故而于婚礼两月前毕家就由湖南来到曲阜，在南门里大街公馆寓住筹办婚事。婚礼举行是在清道光十五年（1835年）正月十六，而于前一年的十一月中便开始了婚事的准备。其实，婚庆之宴席从这时便已开始，持续了两月有余。据载，从十一月十五到十二月初三的19天里，宴席支出为2300余吊，开筵海参三大件39桌，海参两大件9桌，四凉四热海参十大碗127桌，四盘六碗17桌，八味菜、六味菜576桌，零菜7664件，十一盘点心38桌。

孔子第七十七代孙孔德成于1936年12月16日（农历十一月初三）与孙琪芳成婚时，婚庆宴从上午开始，至午夜还未开完。因属“衍圣公”大婚，婚仪备受瞩目。孔府的内厨、中厨、外厨的宴席准备早已停当：100多款菜的“九大件”、40多款菜的“三大件”、20多款菜的“二大件”等，因是大喜盛宴，这婚庆宴的上、中、下三等席，自然远远高出平素三等宴席各自的标准。内厨，负责贵宾和内宅亲友的宴席，一次开筵15桌；外厨，专司贺喜的孔府差役、户人之宴，一次可开筵100桌；中厨，负责三班戏班演员和府内司员的宴席。一个司席员负责10桌的服务，贺喜者随来随吃。内厨房的酒席，设在前堂楼、后堂楼、前上房、红萼轩、忠恕堂、南北花厅等处；外厨房的酒席，开在六厅、外西房、东场和大彩棚内。具体的开筵情况是：

前堂楼、后堂楼招待女宾，早面席6桌；晚海参三大件，8桌。用内厨。

前上房招待新亲，燕菜四大件，2桌。用内厨。

南北花厅招待中央及省城机关来宾，鱼翅三大件，12桌。

证婚人、介绍人，燕菜四大件，2桌。用内厨。

西学招待各处来宾，早、晚鱼翅三大件，各3桌。用内厨。

三堂戏场、二堂招待亲友、执客、近房本家，早、晚海参二大件，50桌。内、外厨各半。

大客棚招待四乡、本城各团体、本府各属厅房场、各单位员役、各学校，用海参两大件，340桌。内、外厨各半。

军队棚，初一，早、晚四盘六碗席，20桌；初二，早、晚四盘六碗席，20桌；内、外厨各半。初三，早十大碗席25桌，晚海参两大件席25桌。用外厨。

外西房招待兵、军官，初一，早、晚三四席，10桌；初二，早、晚三四席，10桌；初三，早、晚海参两大件，10桌。均用外厨。

东场，招待各庄小甲、奉卫队，四盘六碗席，6桌。用外厨。

大厅招待汽车夫等，四盘六碗席，4桌，门房长班负责招待。用外厨。

初二来宾执客，下午一律海参两大件，15桌。用内厨。

省立剧院招待箱场、教员、职员人等，每顿三四席火锅2桌，带稀饭；学生68人，每顿八味席火锅9桌，带稀饭；工友3人，每顿六味席1桌。

初三，早、晚各海参两大件，11桌，馒头每人1斤，酒每桌1斤。均用外厨。

这次婚礼，3天里孔府共开筵七八百桌，孔府经济上虽每况愈下，婚庆宴的铺张则依然是独领风骚的。

5. 如意宴席礼仪

中国民族避凶趋吉的心理，把“喜”理解为吉和凶两种，即婚嫁称“红喜”，丧葬称“白喜”。《礼记 · 昏义》说：“夫礼始于冠，本于昏，重于丧祭……”因而，孔府是颇为重视丧仪中的燕享礼俗的。图1-14是《礼记 · 昏义》书影，图1-15是孔府存《周易集解》刻本。

昏義第四十四

昏禮者將合二姓之好上以事宗廟而下以繼後世也故君子重之是以昏禮納采問名納吉納徵請期皆主人筵几於廟而拜迎於門外入揖讓而升聽命於廟所以敬慎重正昏禮也父親醮子而命之迎男先於女也子承命以迎主人筵几於廟而拜迎於門外壻執鴈入揖讓升堂再拜奠鴈蓋親受之於父母也降出御婦車而壻授綏御輪三周先俟于門外婦至壻揖婦以入共牢而食合卺而酳所以合體同尊卑以親之也

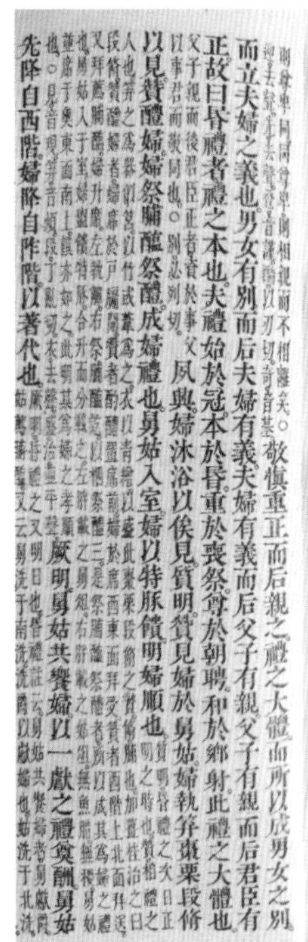
敬慎重正而后親之禮之大體而所以成男女之別而立夫婦之義也男女有別而后夫婦有義夫婦有義而后父子有親父子有親而后君臣有正故曰昏禮者禮之本也夫禮始於冠本於昏重於喪祭尊於朝聘和於鄉射此禮之大體也夙興婦沐浴以俟見質明贊見婦於舅姑婦執笲棗栗段脩以見贊醴婦婦祭脯醢祭醴成婦禮也舅姑入室婦以特豚饋明婦順也厥明舅姑共饗婦以一獻之禮奠酬舅姑先降自西階婦降自阼階以著代也

图1-14 《礼记 · 昏义》书影

图1-15 孔府存《周易集解》刻本

孔府白喜事的宴席，称为如意宴。从孔府主人到近支族人有人亡去，都要隆重举行丧葬仪式，在这个特别时间里宴飨宾客，便要依家仪规定办理，摆设如意宴。如意宴特点是席面一概从简，菜品面点均遵清淡、多汁、色白的要求。殡葬之日的主宴席面，要献以选定的带有“七”字的菜品，如“七星蛋”“七孔灵台”等。中国民间丧礼中诸多祭祀吊唁活动，俗以7天为周期进行，故而孔府如意宴菜肴多取七字开头。如意宴中的菜品，以“七孔灵台”最为著名。相传，孔子第七十五代孙“衍圣公”孔祥珂的母亲在世时，很喜欢食用猪心烹制的菜肴，老夫人死后，“衍圣公”孔祥珂为表达对母亲的孝心，便在母亲灵柩前供奉了用猪心制作的祭品，因猪心之名不典雅庄重，便借心的别称“灵台”，取名“七孔灵台”。自此，“七孔灵台”就相沿成为孔府丧仪中的必备之品。但后世传承的“七孔灵台”菜肴，其烹调方法已较最初大有改进，改进后的菜肴已不再用于祭祀，而是出现在丧期的宴席间。“七孔灵台”之肴，其实就是“油爆猪心”。将新鲜猪心去净外皮和管头，切成大片，入油锅中滑透，然后兑汁爆炒而成，再配以南荠片、油菜心、火腿片，鲜嫩脆爽、清新可口，用之如意宴上，显得格外的庄重。

如意宴，仍以燕菜四大件、鱼翅四大件、海参三大件、十大碗等为框架，只是在菜肴和面点上做了部分调整，并增加一种招待孔氏族人的九味菜宴席。各类宴席毕备，是因孔府丧事间要接待各种层次的客人，若遇“衍圣公”或“衍圣公”夫人去世，皇帝还要派钦差前来谕祭。

孔子第六十五代孙“衍圣公”孔胤植的侧室陶氏，于清康熙三十三年（1694年）故去。前来谕祭、致祭的，有兵部尚书杜臻、工部尚书李振裕、都察院蒋弘道、礼部侍郎内阁学士韩奕、吏部侍郎彭孙通、户部侍郎王栈、河道总督于成龙等京官、封疆大吏、各地司要权吏，可谓不可胜数。京师、直隶、山东、四川、陕西、河南、广东、江西、山西、湖广、江南、贵州、云南、浙江诸省区，无不派官员前往致祭。曲阜当地的孔氏族人、亲友以及附近各府州县的生员、乡民等，更是络绎不绝。如此浩大的白喜事，如此众多来宾，孔府自然要大设如意宴。1920年，孔府经济已较困顿，孔子第七十六代孙“衍圣公”孔令贻出殡的当日，还是摆了1600多桌宴席，其重视程度可想而知。

到了1930年孔令贻继配陶氏的丧事时，尽管孔府已到了有时来个客人需要“到外面打二两酒都拿不出钱来”的穷困地步，但在农历九月二十五至二十九的5天丧仪中，仍然大办各类酒席。当然，主要是委派亲族各府给予的资助。以九月二十六的启殡安葬为例，这天的设宴情况是：孔府设外宾、亲友棚，开上席7桌，并带下用饭；请孟泽南、曾睿之备祀土席棚，开鱼翅四大件上席1桌、中席2桌、下用席1桌；请仲璞如备四十员、本家棚，开九味菜上席6桌；请炊经堂备外本家棚，开九味菜7桌，并带下用饭；请经畲堂、岁贤堂备内本家太太席棚，开上用饭九味菜（素菜）数桌、带下用六味菜中席数桌；请圣泽、中庸书院奉祀官备林内执绋本家棚，开九味菜2桌；请颜、东野奉祀官备外姥姥棚，开四冷碟海参十大碗上席2桌；请奉卫官备内姥姥棚，开四冷碟海参十大碗上席2桌等。

数百年的孔府开宴的仪制，已成定例。故而，在当地有游手好闲者，每当孔府有红白喜事时，他们都到店铺里买副对联，去孔府作礼物送上，便可得一个写有“来宾”二字的绸布条（丧礼用蓝色绸布，婚庆、寿庆用红色绸布），到二堂和三堂的大棚内，去吃普通客人的酒席。孔府客人多，宴席一遍遍地开，且早宴完了接着便上午宴，午宴未完，晚宴又开了。游手好闲者戴着“来宾”绸条，一天可连续吃好几遍，并且是每天都可来吃，直到孔府事毕。

6．仆人“坐席”十大碗

孔府中的管事、师爷、账房先生及仆役，是最底层的。平常情况下，在府内用餐的人仅是其中的一小部分，大部分则每天回家吃饭。只有逢丁祭、年节或重大的红白喜事举行大宴时，才可按规定安排有些人在孔府内就餐。

此时，差役、仆佣宴饮地点，是府中所搭置的天棚，地上铺上新炕席，围成圆圈儿席地而坐，俗称“坐席”，其席面为“十大碗”。孔德成婚礼上，差役、仆佣欢宴，一次就开办十大碗宴100余桌，宴者逾千人。有时则为“四盘六碗”席，如孔德成婚庆招待林庙奉卫丁、各庄小甲、汽车夫等均为此席。有时连这种仅为孔府一桌中等宴席用钱不过五分之一的四盘六碗席也吃不上，而是吃直呼数字的简单酒席。如清光绪三十三年十一月初四丁祭之日，“赏阖府饭：门房六味菜一桌，跟班房八味菜两桌，三堂、书房八味菜两桌，司房八味菜两桌，外西房八味菜两桌，前上房、内西房、西花厅六味菜三桌，内门六味菜四桌，司灯六味菜一桌，库房六味菜一桌，姥姥下用六味菜一桌，执厅、小讨、磁器房、水夫每处四个菜，内司茶、外司茶共菜二十六个，执大堂菜两个”。光绪二十七年“衍圣公”孔令贻三旬寿庆时，差仆所用席面也是“八味菜”“六味菜”及零菜。

7. 满汉席礼仪

满汉席，是孔府宴中最高贵豪华的宴席，一般称“燕菜满汉席”，后来也有人俗称为“满汉全席”或“满汉大席”的，但史料记载中未曾出现过“满汉全席”的名称，清末有“满汉大席”的名称。

“满汉席”之称，始于清代，自康熙以来便有之，更是同治、光绪年间上流社会沉迷于食色之乡颓靡生活的结果。清中叶文人袁枚的《随园食单》记曰：“今官场之菜名号有十六碟、八簋、四点心之称；有满汉席之称；有八小吃之称；有十大菜之称。种种俗名，皆恶厨陋习，只可用于新亲上门、上司入境，以此敷衍。”由袁枚这段话，可知“满汉席”之称始于乾隆间，是出自官场之菜。他还说：“满洲菜多烧煮，汉人菜多羹汤。童而习之，故擅长也。汉请满人，满请汉人，各用所长之菜，转觉入口新鲜，不失邯郸故步。今人忘其本分，而要格外讨好；汉请满人用满菜；满请汉人用汉菜。反致依样葫芦，有名无实，‘画虎不成，反类犬’矣。”[①]由此观之，当时在上层社会宴席中满席、汉席仍是分设的。《孔府档案》中的《历代衍圣公夫人病故恤典》《康熙朝遣派皇子、官员致祭阙里孔庙》分别记有：康熙五十七年、五十八年“衍圣公”宴飨钦差“小饭”——“满席二桌，汉席二桌、围碟全，露酒二坛”“汉席二筵，围碟全，满席二筵、露酒二坛”等文字。由是可知，孔府于康熙间迎宾之宴中便有了汉席、满席的席面了，这较之《随园食单》的记录还要早些。

满汉大席，是清朝中晚期的产物，是由于“满汉席”食品数越来越多、排场越来越大而出现的名称。《清稗类钞》中说：

烧烤席，俗称满汉大席，筵席中之无上上品也……于燕窝、鱼翅诸珍错外，必用烧猪、烧方，皆以全体烧之。酒三巡，则进烧猪，膳夫、仆人皆衣礼服而入。膳夫奉以待，仆人解所佩之小刀脔割之，盛于器，屈一膝，献首座之专客。专客起箸，筵座者始从而尝之，典至隆也。次者用烧方。方者，豚肉一方，非全体，然较之仅有烧鸭者，犹贵重也。[②]

孔府宴席的名称，虽然在《孔府档案》中未曾有“满汉大席”，但“汉

① （清）袁枚．随园食单．广州：广东科学技术出版社，1983.

② （清）徐珂撰．清稗类钞．北京：中华书局，1986.

席”“满席”并列开设、呈送的情况则常有，无名有实的菜谱也常常出现。如清光绪二十年孔令贻奉母携妻进京贺寿时，其母、妻所进献慈禧的宴席，其中有汉席常见的海错珍馔，如燕窝金银鸭块、燕窝红白鸭丝、燕窝三鲜鸭丝、燕窝口蘑肥鸭、葫芦大吉翅子、黄焖鱼骨、鸡丝翅子、桂花翅子；也有满席常见烧烤，如挂炉猪、挂炉鸭等，这分明是典型的满汉大席之模样。

孔府的满汉大席，每桌菜肴达130余款，最多为196款之多。有时，一桌宴席可以连续欢宴几天几夜。

8. 高档食材大件宴席礼仪

（1）燕菜四大件宴席礼仪

燕菜席，是孔府中规格较高的一种，多用来款待皇帝及王公大臣等高级官员，俗称“上席”。现将其一种介绍如下。

宴席开始，先上16个果盘：四干果、四鲜果、四糖果和四蜜果。四干果为葡萄干、桂圆、核桃仁、榛子；四鲜果为橘子、香蕉、石榴、甘蔗；四糖果是鸡骨、脆金、南糖、焦切；四蜜果是山楂糕、蜜梨、菠萝蜜、青梅。另外，每人一个干果手碟，上盛糖饯砂仁、榛子。

然后，走四拼盘。一是麻辣海参、盐水玉带虾、素鸡、炝苇锥拼盘；二是拌蛏子、凉拌鸭舌、海米椿芽、拌发菜拼盘；三是熏鱼、瓤香菇、虎皮芥菜、油焖笋拼盘；四是松子鱼糕、琉璃海石、青龙卧雪、绣球海蜇拼盘。

四大件、八行件的大菜，是与两道点心配伍而上的。上第一个大件清汤燕菜，遂跟清汤桂花银耳、锅煽金钱鸡两行件；再上第二个大件牛腱扒熊掌，又跟鸡汁鱼骨、烧干两行件；此后，上第一道点心：火腿烧饼，跟紫菜汤。烤花揽鳜鱼是第三个大件，跟吊糟虾仁、奶汤竹笋，接着上第二道点心：百合酥，跟山楂汤。第四个大件是甜菜、蜜汁火腿，遂跟冰糖杏仁豆腐和清蒸赤鳞鱼。

而后，上双烤：烤鸭、烤牌子，外带大葱、萝卜、甜面酱、酱油四个吃碟，同时配上荷叶饼、蒸饼、抽心火烧、烫面饼。又什锦一品锅，又炒王瓜酱、炒豆腐泥、香干炒芹头、椿芽炒蛋等四热炒。咸雪里蕻、曝腌白菜、酱花生米、糖蒜，四小菜上后，燕菜席才告尾声。

（2）鱼翅四大件宴席礼仪

鱼翅四大件，是孔府在祭日、寿日、节日、婚丧之时，接待贵宾的较高级的宴席。清咸丰二年八月，孔子第七十四代孙“衍圣公”孔繁灏的夫人毕氏生辰，共摆宴460余桌，其中鱼翅四大件34桌，海参三大件38桌。1928年，山东督军张宗昌来曲阜，孔府主人也以此宴盛情招待他。

鱼翅四大件宴席，是以开宴后所上第一个大件的名字及大件数量而命名的。其上菜顺序是：开始先上8个盘，干果、鲜果各4。而后，上第一个大件鱼翅，接着跟两个炒菜行件；再上鸭子大件，跟两个海味行件，如烧干贝、干捞虾仁；第三大件上鳜鱼，跟两个素口淡菜行件；末一个上甘甜大件，如苹果罐子，后跟两个行件，如冰糖银耳、糖炸鱼排。少顷，上一甜一咸两道点心。接着再上四个瓷盬子饭菜；如果上一品锅，可以代替四个瓷盬子，因为锅内就有四样，如白松鸡、南煎丸子加油菜、栗子烧白菜、烧什锦鹅脖。再后，上四个素菜；紧跟四碟小菜。最后，上面食。

这类宴席，菜肴多有变化。

第四节 孔府宴席审美风格

中国宴席丰富多彩，款式万千，各具风姿。而孔府宴席就堪称是中国宴席百花园中的一枝独秀。千百年来，孔府的事厨者们承古创新、兼收并蓄，创出了独具风格和特色迥异的孔府烹饪技艺。由此，孔府菜烹饪技艺成为国家级非物质文化遗产项目。与此同时，孔府厨师也创造出了自成一格的宴席体系，成为中国烹饪文化中一颗瑰丽的明珠。

孔府宴席是“衍圣公府”在欢宴上起皇帝、王公大臣，下至地方官员和亲朋贵戚、迎来送往以及喜庆祭典中逐渐形成的各种宴席，是历经数百年的不断充实发展，逐渐形成的一套独具风味的家宴。

如前所述，孔府宴种类繁多，规格各异，等级森严，有三六九等之分。最高级的一类是接待皇帝和钦差大臣的“满汉全宴”，具有清朝国宴规格，其肴馔之丰美，款数之众多，是颇为惊人的。现保存于孔府内的一套银质满汉宴用餐具，件数多达404件，可上196道菜点，豪华之状可想而知。第二类是用于寿庆、节日、婚丧、祭日和接待贵宾用的喜寿宴类，以“鱼翅四大件”和“海参三大件”为代表，每宴的菜点数量不少于三四十款，为中等规格。第三类是日常用来宴请至亲好友或文朋诗友聚会用的便宴。此类宴席形式不拘一格，席面肴馔可由主宾任意点选，比较随便，数量也可随意由主宾而定。最后一类是为孔府服务的仆从、下人逢大典、婚丧时用的低档宴席。此类宴席一般用料比较普通，以实惠为主，不讲排场。

下面，从几个方面对孔府宴席的基本特征、艺术风格等进行简单的探讨。

一、孔府宴席的基本特征

由于孔府的特殊地位，孔府中的宴用肴馔受孔子“食不厌精，脍不厌细”饮食观点的影响，且宴饮的形式尤其受到传统儒家文化的影响，故而形成了以精美典雅的食馔内容、严谨缛琐的礼仪格局、严格细微的等级观念、诗情画意的文化内涵为特征的孔府宴席体系。

1. 精美典雅的食馔内容

精美典雅的食馔内容是孔府宴席的基本特征之一，也是形成孔府宴席的基本条件。孔府中所用肴馔千姿百态、风味各异、精美并举、富丽典雅。所用原料，高档如燕窝、鱼翅、驼蹄、熊掌……常用如鸡、鸭、鱼、肉、蛋……普通至瓜、果、蔬菜，乃至野蔬秫根均可入馔，且均能献之宴席。例如，有一次，第七十二代孙“衍圣公”孔宪培在接待乾隆皇帝时，就曾献食过“炒豆芽”一味，并意外得到皇帝的赏识。在众多的孔府肴馔中，有的以原料高档取胜；有的则以稀奇名贵称道；而更多的还是以精湛的烹饪技术享誉宾客。之所以形成这个特征，这与孔府当时的社会地位分不开。一是全国各地都要向孔府进贡、送礼，因而各种名贵稀世之品涌进孔府；二是每年来自全国各地的“朝圣”“祭祀”的人络绎不绝，各种风味名食被带到了孔府，使孔府厨师得以广取众猎、兼收并蓄；再加之清朝宫廷与孔府的频繁交往，进一步拓宽了孔府烹饪的艺术领域。当然，这其中更多的是凝结着在孔府治馔的厨师们的心血和汗水。

2. 严谨缛琐的礼仪格局

众所周知，素有“中国礼仪尽出齐鲁”之说。孔子不仅是儒家学派的创始人，而且孔氏家族还是齐鲁礼仪和文化的真正传人。而这些形形色色的礼仪，大到国宾之礼，小至日常生活中的礼节，在孔府无不得到淋漓尽致的体现，这在孔府宴席中表现得尤其突出。中国宴席具有社交性的特点，历来就是各种礼仪的集中表现者。《礼记 · 礼运》中所谓“夫礼之初，始诸饮食”。这在孔府的宴饮活动中，无不打上礼仪的印记。可以说，没有礼仪格局，就没有孔府宴席，此话并非言过其实。在孔府，大礼如祭典、迎迓皇帝、钦差、圣旨等，常礼如婚嫁喜庆、寿诞、送迎贵戚等，小礼如诗朋好友聚会、节日便酌等，无不设宴以示礼节上的恭敬。而宴席本身，自始至终，又无不贯穿着极为缛琐繁多的礼节习俗，甚至连一举一动、一言一语都会受到礼节上的约束。虽说古今中外均赋予宴席礼仪内容，但孔府宴席可谓尤胜一筹。

3. 严格细微的等级观念

孔府宴席分三六九等，等级差别甚大。因此，设宴必须根据宴饮者的身份和地位及亲疏来区分。儒家学派，最讲究等级观念。孔子有所谓“君君臣臣、父父子子”的圣明之训，其后裔对此一丝不苟。在孔府宴席中这种等级思想也得到充分的体现。迎接“朝圣”的皇帝、钦差，非大礼盛宴不可。孔府宴中的各种宴席都有其严格的等级区分，应该用哪一档次的宴席、接待什么级别的官员以及府内哪一级别的人员作陪等，均有严格的规定，任何人都不能逾越。即使便宴，虽说可以随意点菜，但也是有一定的礼节和等级区别。而宴席大多都是由等级规定格局和内容的。这在某种程度上起到阻碍宴席艺术发展的作用。

4. 诗情画意的文化内涵

中国烹饪颇具文化内涵，而宴席又是这种传统文化的集中表现。可以说，孔府烹饪与文化的关系最为密切，这除了孔府菜是诞生于“道德文章”圣人府第外，其许多菜点的形成和流传，本身就带有浓厚的文化色彩，几乎每一款菜肴都有一个令人为之动心的典故，每一种面点都赋予一个美妙的传说。

如果说，一款菜点就是一首诗、一幅画的话，那么众多的菜点组合而成的孔府宴席，就是一个充满诗情画意的文化艺术佳作。事实也正是如此，宴席的丰盛肴馔给人的虽然是艺术口胃的享受，而它的内涵却给人以文化艺术的感受和陶冶。也许这正是孔府宴席和孔府烹饪的最大贡献：即把人类的饮食活动与灿烂的华夏文化有机地结合在一起，成为中国烹饪艺术与文化的典型代表。

二、孔府宴席的艺术风格

孔府菜和孔府宴席的形成，距孔子生活的时代还是很遥远的。它形成于较晚的唐、宋年间，而趋于完善则是在明、清时期。自唐、宋以降，中国尊儒尊孔之风盛行，来自南北的“朝圣”“祭祀”者蜂拥而至，上起皇室天子、下至平民百姓，诸等人物，形形色色。正由于这种自然形成的历史性交流，使孔府得到一个博采众长的良机，加之孔府文化的陶冶，因而形成独自的体系和独特的艺术风格。

纵观孔府宴席，我们不难看出，它除了具有中国一般宴席的艺术风格外，还有其独特风格，概而言之曰：雄浑而又尊严，华贵兼及典雅，精致不失含蓄，旖旎方显多彩。

1. 雄浑尊严

雄浑尊严是孔府宴席最基本的艺术风格。孔府坐落在长江以北的黄河下游地区，属古老的中原地段。几千年来，北方民众在生活中所形成的粗犷、雄浑、豁达的风格，是孔府烹饪、孔府宴席的基本风格。方桌高椅、大盘大碗、肴满馔丰，使宴席最具豪放雄浑之艺术风格。在此基础之上，由于孔氏后裔为蔽孔“圣人”的千载余荫，成为“同天并老”“与国咸休”的圣人府第，其尊贵庄严之风自然产生，加之传承的是严格的典礼古制旧习，而且这些礼制在延续中日趋缜密，进而确定了孔府宴席必具尊严之风格。两者相融于一体，使孔府宴席成为既有雄浑之风又具尊严之格的饮食文化活动。

2. 华贵典雅

华贵典雅是孔府宴席的突出艺术风格。由于历史上的孔府具有特殊的社会地位，尤其在清朝，历代皇室所给予“衍圣公府”的殊荣，几乎可与皇宫匹俦。孔府的每一项活动，都极为排场，贵气不足，富丽堂皇。孔府宴席也是如此，其华贵的气派与豪华的陈设几乎可与御宴异曲同工。而不同的却因孔府乃是传承中华文明与礼仪的“圣人”之家，宴席自然要有些儒家的文雅之气，才能显示出“道德文章”“诗礼传家”的圣府家风。即使一款菜肴的名称，也要起得有些儒雅文礼情调，因之形成了孔府宴席华贵兼及典雅的艺术风格。

3. 精致含蓄

孔府宴所用菜点无不精工细琢，可谓至善至美，色香味形质器俱佳，尤重器皿之精美。“美食不如美器”，在孔府宴席中最能得到体现。在豪华讲究的宴席中，有时为了制作一菜一点，就要耗费数人几天的劳动。例如，有的高级宴席上要制作四只糯米团加工而成的高摆，上面并用干果镶嵌成“万寿无疆”“寿比南山”等祝贺之词，仅此一项，就需一名技艺精湛的厨师工作一天一夜，其精琢之功可见一斑。而用于宴席间的器皿，即使一款较普通的菜式，如豆芽之类，所用盛器也颇为精致讲究，使整个宴席形成了精细别致的风格。每一桌宴席，都有一个主题，孔府宴席在体现主题方面区别于其他宴席的是委婉含蓄，使宴者在宴饮活动的一味一饮、一举一动中领悟其中之美好意境。就组成宴席的单只菜点言之，它们均有一个小意境，若干菜馔组配一起，便组成一个虽朦胧含蓄，却又主题鲜明的大意境，使宴席的主题尽寓于这一盘一碗、一杯一盏的酸、甜、甘、辣、鲜、香之中。这就形成了孔府宴精致含蓄的艺术风格。

4. 旖旎多彩

旖旎多彩可以说是对孔府宴席整体风格的总括。在孔府宴席这一完整的体系中，不仅有菜点数目逾百款之众的“满汉大席”，也有三五十款的“鱼翅四大件”“海参三大件”等中等档次的宴席，还有十几款一桌的普通宴席，乃至只有几款菜肴的便宴。这些宴席可用于迎接“圣驾”、婚丧嫁娶、喜寿祭典、迎来送往、诗友相会、高朋相邀，无所不备。真可谓丰富旖旎、多姿多彩，皆具华贵、典雅、瑰丽、明快之特色。就单桌宴席而言，有疏有密，有繁有简，有以单一佳肴取胜，有以合理搭配出奇，有的以少称道，有的以多逞豪。而肴馔则有名贵之品，有罕见美味，也有常食之属，也有普通品类，而重在烹调之法的运用。使一桌宴席无论等级尊卑，无论菜肴繁简，都自始至终充满在抑扬顿挫、跌宕起伏、有节合礼的无限变化之中。

通过对孔府宴席基本特征与审美风格的探讨，可以清楚地看出，孔府宴席是以儒家思想所具有的民族大容量为精神气概，历时数千年，纵横南北中，兼收并蓄、博采众长，融宫廷饮宴、贵族饮宴、地方饮宴、民间饮宴、民族饮宴、家庭饮宴为一体，充实发展成为独具一格的孔府宴席体系，成为孔府饮食文化宝库中的一颗璀璨明珠。可以说，孔府宴席是中国饮食文化的集大成者，具有典型的华夏民族特征。正因此，才使它得以产生巨大的社会影响和极高的审美价值。孔府宴席文化的形成是中国悠久历史文明发展和儒家文化传承的必然结果。孔府宴席既是一种饮食活动，也是一种文化现象，更是一种民族精神的体现。它是中国饮食文化史，乃至世界饮食文化发展史中珍贵的文化遗产之一。

第五节 孔府宴菜肴的命名

每一个菜肴都有一个名称，这是极简单的生活常识。菜名不过是某种菜肴的代表符号，本来是件不平常的事。然而，中国菜肴的名称却绝非如此简单，每一个名称中都有许多讲究。它和中国其他民俗世家的命名一样，带有浓厚的民族文化色彩。其深远的社会意义非一言一语能说清楚，扩展开来，堪称一门学问，是饮食文化的组成部分之一。

孔府是一个“诗礼”传家的书香门第，孔子的子孙后代无不读经书儒，虽未必个个学富五车，却也人人满腹经纶。真可谓“谈笑有鸿儒，往来无白丁”。在这样的“道德文章”之家制作的菜肴，其命名也同样带有浓厚的文化色彩。所以，孔府菜中的许多菜点名称无不打上文化的烙印。概括起来看，孔府菜肴的名称特别讲究的是意趣之美和质朴之美。在表现形式上，则有虚者，有实者，有虚实结合者，有刻意雕琢者，也有随手拈来者。也有些家常菜肴的名称，出自无文化的厨师之手，自然也就实实在在的像北方人的性格一样质朴无华，直言不讳地给人一种自然纯朴之美。总之，孔府菜的命名不拘一格，形式多样，其原则就是必须能够在菜名之中体现出孔府这个簪缨世族的文雅与高贵。图1-16是一桌孔府宴席的菜单。

纵观孔府宴席中的菜肴命名，大致可以归纳为四个方面，或者说有四个方面的特征。

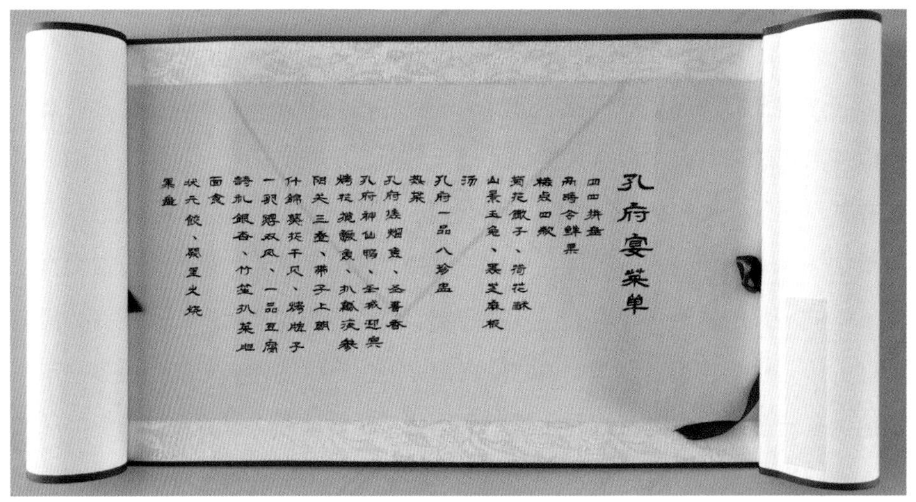
孔府宴菜单
四四拼盘
两鸭含鲜果
糕点四献
菊花馓子、荷花酥
山景玉兔、寿芝麻根
汤
孔府一品八珍盅
热菜
孔府烧焖鱼、圣薯香
孔府神仙鸭、圣城迎宾
烤花揽鳜鱼、扒鲍淡参
阳关三叠、带子上朝
什锦葵花干贝、烤烧子
一卵孵双凤、一品豆腐
诗礼银杏、竹笙扒菜心
面食
状元饺、聚星火烧
果盘

图1-16 孔府宴菜单

一、质朴通俗的写实菜名

在孔府菜的菜肴名称中，以写实手法的居多。从20世纪80年代出版的《孔府名馔》与20世纪90年代出版的《中国孔府菜谱》两本菜谱的356款菜名来看，以写实手法命名的菜肴占据了70%以上。这些菜名，或套用原料名称，或冠以烹调方法，或用调味品命名，或按其质、色、味、形等命名，毫不掩饰地把某个菜的特征表示出来，给人以既通俗明了，又质朴纯正，没有娇揉造作之感，赋予就餐者一种大自然的亲切感。写实类的菜名，在孔府菜中也有不同的表现方式，举其大略，有四类。

一是用主料的名称与调、配料及盛器的名称结合一起为菜肴的名称。如腐乳虾仁、椒麻肉片、冰糖蒸菜、肉末粉丝、冬菇蹄筋、口蘑虾仁、什锦一品锅、菊花火锅等。

二是调配方法加主料名称的菜名。如软炸肉片、炸大扁、烤乳猪、南煎丸子、清蒸鳜鱼、锅烧鸭、烩银耳、红烧海参等。

三是用主料与成菜的风味特色（如质、色、味、形等）组成的菜名。如香酥鸭、鸡里脆、焦皮鳜鱼、翡翠虾仁、紫酥肉、脂酥扦子、胡辣腐皮腰子、麻酥鹅皮等。

四是用数字和物料名称、菜肴特点及器皿等配合而成的菜名。如一品锅、双素合子、三套鸭、四喜丸子、五香排骨、七星鸭子、八宝鱼丸、九层鸡塔、十字腰花、百子肉等。

孔府菜中，用数字命名的菜式很多，可以从“一”排到“万”。其中“三”和“八”字最多，内中奥秘不得而知。“八”字抑或有寓发顺之意，而“三”字令人费解，也许所有数字运用到名称中时均含有吉意，也未可知，其中的含意，有待进一步探讨。

二、寓意深刻的写意菜名

除了大部分以写实方式命名的菜肴外，孔府菜中还有一部分是以写意为主的菜名。这种命名方式，追求的是一种文化意境和趣味之美，具有很高的艺术欣赏价值。菜名的寓意而且是多方面的，有表现生活吉祥美满的，有表现仁爱之心的，也有表现疾恶如仇的，等等不一。这类菜名，在孔府菜中虽然数量不是很多，但却有相当重要的地位。

写意菜名，简而言之，就是菜肴的名称要根据菜肴的某些特征加以深化、渲染、文饰，使其名称具有一定的寓意和意境。有的菜名甚至和菜肴的实际内容一点关系都没有。但这种菜名在宴饮活动中所起的作用却又是不可估量的，而且透过菜名本身所体现出的文化内涵也是非常深远的。此类菜名，在孔府菜中，主要有如下几种形式。

1. 表现生活美满、祝福吉祥平安的菜名

通过菜肴的名称，借以表达孔府主人对美满生活、吉祥如意、合家平安、事业发达、财运旺盛等方面的祝愿之情，是写意式菜名的主要部分。府菜，是一种提高了的家庭菜。所以在府菜中，这类菜名尤为突出。孔府的主人希望借祖宗之荫护，能够永远使家族兴旺昌盛，生活美好。于是，就借菜肴之名来表达这种美好的愿望。如：子孙满堂、合家平安、连年有余、葫芦大吉翅子、福禄肘子、四喜丸子、吉祥干贝、连升三级等。

这类菜肴的名称，毫无掩饰地揭示出孔府主人的心意。因而，此类菜肴用于家宴的频率较高。如“合家平安”“子孙满堂”两种菜肴，在孔府的年夜家宴中，是必不可少的食品。这种心迹在日常生活中剖露，岂止孔府，乃至整个中华民族所共有的思维模式。

2. 借物喻事，追求美意雅趣

借物喻事，赋予菜肴以美好的意趣，这不仅是菜肴命名中运用较多的手法之一，更是中国民俗学中的重要内容。人们在日常生活中，往往把某种美好的事物、事象，如被民俗学称之为吉祥类的动物、植物形象，借来赋予某些日常琐事以美好的寓意，借以表达人们对美好生活的希冀和向往。这就是我们所谓的比喻。在孔府菜中，此类例子颇多。如：神仙鸭子、燕窝八仙汤、八仙过海闹罗汉、鸳鸯鱼、佛手茄子、一卵孵双凤、玉液银耳、玉带鸭子等。

“神仙”是人们所羡慕的得道成仙的超乎境外的一种生活，这是许多古人所追求的最高生活境界。孔子虽被古人称之为“圣人”，充其量不过是人群中的最贤者，尚未超出人类，并非神仙之类。于是，孔府菜中就常有“神”“仙”一类的菜名出现。也许在孔府主人看来，“圣人”之后虽然地位已经相当显赫，但毕竟没有摆脱俗物，只有得道成仙，才是最高境界。于是这种思想也反映到饮食生活中来，且以菜名的形式表现出来。这也是中华民族共有的心理崇拜。其他，如龙、凤、鸳鸯、麒麟之类的名称，由于被古人赋予某种神秘的美妙之意，在菜名中出现得相当多，孔府菜尤其如此，不再赘述。

3. 借菜明志，爱憎分明

孔府菜中以写意手法命名的菜肴，大多数都是寓意美好的居多。表现出来的是一种对人、对生活、对事物的仁爱之心。但是，作为孔子的后代，在其家族的发展过程中，也受到了许多艰辛，甚至也有面临灭顶之灾的年代，给孔府的历代主人都留下了难以磨灭的印记。于是，在菜肴的名称中，也有所表现。虽说此类名称不多，却具有一定的代表意义。如：烧秦皇鱼骨、烧安南子等。

“烧秦皇鱼骨”之名，是孔府菜中典型的表现仇恨的案例，它充分表达了孔氏家族对秦始皇当年“焚书坑儒”暴行的深刻仇恨之情。据传，当年的秦始皇因寻求长生不老之药，备受方士的愚弄。后来借故将他心中的无名之火转嫁到了当时盛行一时的儒士身上，演出了中国历史上最丧尽天良的文字之灾的悲剧。几乎焚烧了当时所有的经典书籍，并惨无人道地坑埋了数百名儒生学者。由于秦始皇的行为针对孔子所创的儒教门派，因而，几乎对儒学造成了灭顶之灾。对此事，孔子的后裔无不耿耿于怀，世代铭记在心。在“衍圣公”看来，也许仅用一般的说教不足以教育家人和后世永志不忘此之大辱，于是在日常生活中最多接触的食肴中，也赋予这样一种情感，“烧秦皇鱼骨”的菜肴应运而生。“烧安南子”则是孔氏家族表示对犯上作乱之辈的无限仇视之情。据史料记载，明朝年间，居住在我国南方边缘“安南”地区的少数民族，伺机谋反作乱，朝廷出兵镇压。当时的孔府正值和宫廷关系密切，而且，孔子当年最仇视的就是犯上作乱、礼坏乐崩的不肖之辈。孔子后代自然秉承这一思想衣钵。一方面表示对明朝皇帝的声援；一方面也为继承儒家的政治立场。于是，菜肴中有了“烧安南子”一名，且因此菜制作特色独到，而被承沿至今。

三、歌功颂德的昭彰菜名

孔府菜的命名，除了一般意义上的菜名之外，还有一类独特的命名方式，这就是以歌功颂德为目的的菜名。

孔府在中国历史上有着非同一般的显赫地位。这种超越一般的尊贵地位，虽然源于孔子的政治思想，但在历史的发展过程中，孔子的后裔却世世代代沐浴着历朝历代皇帝的恩德，才得以成为长盛两千年之久不衰的世家。如果，历代皇帝都与秦始皇“焚书坑儒”之类，也就不可能有孔子后代的昌盛与富贵，更没有无以复加的政治地位。基于此，历代“衍圣公”无不对皇室的垂青与推崇，表示感恩戴德之情。于是，千方百计表达孔氏家族对先祖、对皇帝的感激之情。那么，借饮宴中的菜名来歌功颂德，寓皇恩泽德于一饮一食之中，既简单易行，又易被后代牢记。这就是寓教于食的教育形式之一。孔府菜中此类菜名由此而生。如：带子上朝、当朝一品锅、御带虾仁、诗礼银杏、怀抱鲤、万寿无疆燕菜大件等。

这些菜名，所内涵的意义，已经超出了一般生活寓意的范围，而带有明显的政治色彩。歌当朝皇室之功，颂先祖及孔氏世家之德，以显示对执政朝廷的忠心，表达对先祖的追远之思，就是此类菜肴名称的作用和意义。举例来说，如“带子上朝”，原名叫作“百子肉”，皆因第七十六代孙“衍圣公”孔令贻喜欢食用，而制之甚精。清光绪二十年（1860年），时值慈禧太后六十寿辰，“衍圣公”为了面谢皇恩，就奉母携妻进京给慈禧祝寿。当时，能享此殊荣耀者可谓凤毛麟角，可以说一种无上的荣光。不仅“衍圣公”为之高兴，就连曲阜的孔氏八代（嫡系之外的旁系后裔）也感到无比荣光。于是，全族人在“衍圣公”荣归曲阜的当天，由族长率众为他们母子举行接风宴。也许是为了讨好“衍圣公”，便把他平日最爱吃的“百子肉”改名为“带子上朝”。此菜名不仅表达了皇家对孔氏后代的浩荡宏恩，而且又展示了“衍圣公”至高无上的地位。使本来很平常的接风宴一改昔日平庸之貌，成为歌功颂德的协奏曲，真是妙不可言。菜名的意义之大也由此可见一斑。这也许正是因为我们为什么对菜肴命名如此重视的原因所在。

“诗礼银杏”则皆以歌颂先祖孔子以诗、礼教子传家的故事，来展现“衍圣公府”这个“圣人”府第的文化背景，同时又表达了孔子后裔慎终追远的怀念之情，也堪称绝妙至极。其他如“怀抱鲤”“御带虾仁”“当朝一品锅”等各有所寓，此不详释。

四、巧夺天工的随意菜名

纵观孔府菜的全部菜名，其中有一些是经过精工细琢、深思熟虑的文雅之作，具有深厚的文化意蕴，非一般文化功底难以获得。换言之，此类菜品大多是出自文人的手笔。它们虽然具有很高的审美价值和艺术风格，却难免给人一种故意雕饰之感。诸如“鸾凤同巢”“祯祥肘子”“带子上朝”之类，就颇少了些自然、朴质的成分。因而，这类菜名似乎超出了一般人的接受范围，而成为孔子菜中的“贵族”一簇。与之相反，孔府菜中还有一类菜肴的命名，却是非常随意的，没有故意精琢之痕，不过顺手拈来而成，给人一种质朴、自然之趣。其中有一些不乏佳作，可谓妙手天成，大有巧夺天工之意境。如：一卵孵双凤、佛手茄子、金钩挂银条、蜂窝豆腐、丁香豆腐等。

这些菜名中，大多采用比喻的手法。但由于这些借喻的物名、事象，均来自普通生活之中，因而看不出有什么做作之态。这些名字的择取，也多是随意得之。如“一卵孵双凤”，其在明清年间的江苏菜中颇多，名曰“西瓜鸡”。孔府厨师将其菜名移植后，改瓜中的一只鸡为两只小雏鸡，并配以各种海鲜料，使之尤为精细。品食此菜的“衍圣公”以为此肴制之甚佳，其味又绝美，造型也独到不俗，竟不假思索地顺口叫出“一卵孵双凤”的名字。西瓜椭圆形，似禽之卵壳，两只小雏鸡喻作双凤，可谓妙手天成。生活中的双黄鸡蛋能否生出一双鸡雏，不得而知。但“一卵孵双凤”之意却无人怀疑。加之“凤”是高贵吉祥的禽类，用于孔府，再恰当不过。又如“金钩挂银条”，乃是海米（又名金钩）炒豆芽。海米金黄弯曲如钩，豆芽洁白似银条，炒而合之，弯弯相挂联，别有情趣。“金钩挂银条”随手拈来。金、银乃财富象征，用之孔府菜（与财谐音）名，尤显富贵之意，是一个不可多得的雅称。

另一类随手而得，却又恰到好处的菜名，是借用植物的花、果实而命名。或借其形似，或取其色同。由于这些花卉果实乃人们日常习以为常之物，用之菜名，虽随意取来，却颇显自然。孔府菜名中常用的有“佛手”“桂花”“荷花”“兰花”“菊花”“芙蓉”“苹果”“杏仁”“槟榔”“罗汉果”“松子”“樱桃”“龙眼”“牡丹”“木樨花”等。菜肴、面点用之颇多，可谓府菜名称一大特色。人见其名，即可与形、色、味联系起来，尤其是人人惯熟，往往给人一种自然之美的天赐情趣。用于宴中，则给人一种百花齐放、丰富多彩之感。

第二章 孔府宴用餐具

中国菜肴传统的评定标准是色、香、味、形、器五个方面，诸项俱佳，才算美馔。近代以来，再加上营养搭配、文化意境、卫生安全等品鉴内容。其中“器”是指盛装菜肴的器皿，如碗、盘、碟等。盛器本身虽无食用价值，但在菜肴或宴席中的重要地位和作用却是显而易见的。清朝年间的江南才子袁枚，是一个著名的美食家，著有《随园食单》饮食专著，在此书中他辟有专章对餐饮器具进行论述。他极力推崇古人“美食不如美器”的饮食审美观点，主张所用“器具皆精好”。但总的原则是要讲究器皿与菜肴的和谐统一。因此他说：

> 惟是宜碗者碗，宜盘者盘，宜大者大，宜小者小，参错其间，方觉生色。若板板于十碗、八盘之说，便嫌笨俗。大抵物贵者器宜大，物贱者器宜小；煎炒宜盘，汤羹宜碗；煎炒宜铁铜，煨煮宜砂罐。[①]

袁枚对器具与菜肴关系的配搭论述，可以代表整个中华民族所共有的饮食审美观。实际上，餐饮器皿在菜肴、宴饮中的重要作用，本身就是中国饮食文化的一个重要组成部分。而在孔府这个以讲求“礼仪”“食德”的钟鸣鼎食之家，不仅追求菜肴本质上的精美，更讲究餐饮器具的礼制规范与审美搭配的应用。

第一节　尊贵厚重的祭祀礼器

孔子是周礼制度的维护者和倡导者。而周礼的重要内容之一就是严格的等级制度，这种等级制度也同样在饮食及食品器具的使用方面反映出来，有严格的规定，不可逾越。在西周一代，由于人们对食器与食礼的重视，有许多食器演变发展成为专门用于祭祀的礼器，从而失去了食器原有的实用价值，而上升为某种政治、伦理背

---

① （清）袁枚．随园食单．广州：广东科学技术出版社，1983．

景的象征和符号。无论食器，还是礼器，都是盛放食物用的，只是运用的对象不同。在使用时，都是有严格规定的，不可随意为之，否则就违背了典礼制度。现存于孔府的传世珍品商周“十供”就是一套古朴典雅、历史价值很高的礼器。据专家研究表明，孔府的商周“十供”礼器，系商周两代所造，距今已有两三千年的历史了，至今宝色依旧、纹饰清晰精美，孔府主人也以此视为传家之宝，轻易不外示于人。据载，孔府的商周“十供”系清乾隆三十六年（1771年）的御赐之物。当时清帝乾隆亲到曲阜祀礼，看到孔庙、孔府的祭器“不过汉时所造，且色泽亦不能甚古”，为了崇儒重道，“遂颁内府所藏”，挑选出十种赐予孔府。当时的“衍圣公”孔昭焕“恭迎祗聆，呈折叩谢，敬藏礼器库内。”轻易不使用，只有“祭祀（指祭孔盛典）恭陈于殿中”。孔府所藏的商周“十供”是：商“册父乙”卣，又名“商冊卣”，如图2-1所示；牺尊，又名“周牺尊”，如图2-2所示；周夔凤纹簋，又名“周宝簠”，如图2-3所示；“伯彝”款兽面纹铜簠，又名“周伯彝”，如图2-4所示；饕餮纹双立耳铜甗，又名“周饕餮甗”，如图2-5所示；双立耳方形四足铜鬲，又名“周四足鬲”，如图2-6所示；蟠夔纹铜簠，又名“周蟠夔敦”，如图2-7所示；商兽面纹铜觚，又名“周亚尊”，如图2-8所示；“木工册”款兽面纹铜鼎，又名“木工鼎”，如图2-9所示；错金银夔凤纹铜豆，又名“周夔凤豆”，如图2-10所示。[①]

图2-1　商冊卣

图2-2　周牺尊

① 济宁市文物局等. 孔府珍藏. 济南：齐鲁书社，2010.

图2-3　周宝簠

图2-4　周伯彝

图2-5　周饕餮甗

图2-6　周四足鬲

图2-7　周蟠夔敦

图2-8　周亚尊

图2-9　木工鼎

图2-10　周夔凤豆

祭祀时非常讲究“礼器”的规格和精美，这是孔府诚以待祭的原则。与此同时，在府内的各类宴饮中餐饮器具的使用也是相当讲究的。所用器具不仅精美，而且讲究纯正，不猎奇求异，这与孔子儒家的正统思想有关。孔子当年在《论语·雍也》就曾有“觚不觚，觚哉！觚哉！”的准则，清楚地提出了餐饮具的使用，无论是祭祀还是宴席都必须严格，不得使用不伦不类的餐饮具。孔子后裔则完全秉承孔子的这一观点，在豪华餐饮具的使用方面可谓有过之而无不及，突出体现了圣府主人严格遵守礼制的传承与孔府特殊的社会地位。

第二节　珍贵气派的银质餐具

孔府最为精美豪华的餐具，是一套御赐的银质华宴餐具。这套高级餐具共有404件，据研究配套使用可上196道菜点，是目前国内唯一保存完好的一套豪华银质餐具，被国家文物部门确定为一级文物收藏。现今有部分器具陈列在新建成的孔子博物馆内，可以供游客参观。

这套银质餐具，实际上是银铜锡合金的制作，又称为“银质点铜锡餐具”。据史料载，是乾隆三十七年（1772年）十二月大学士于敏中之女（实际上是乾隆之女，因清典规定满汉不通婚，故由于敏中认领为义女后再嫁于孔府）与第七十一代孙“衍圣公”孔昭焕之子孔宪培（第七十二代孙“衍圣公”）成亲时的陪嫁之物。这套餐具造型古朴典雅、形态各异，质地是银质点铜锡合金，系广东汕头潮阳银匠艺人所精制。在器具的底部嵌有“潮阳，店住汕头，颜和顺正老店，真料点铜”和“潮阳，杨家义华，点铜锡”两种印记，并刻有“辛卯年”（乾隆三十六年，即1771年）字样。准确地记载了餐具的出品年代和出品地点。图2-11是现存于孔子博物馆的部分银质餐具。

这套餐具，数量之多姑且不论，仅造型而言，可谓丰富多彩、形态多姿。有仿制青铜饮食器具的造型，如仿周邦簠、伯申宝彝、雷纹豆、尊鬲、曲耳宝鼎等。有仿生物形象的器具造型，如鱼形、鸭形、鹿形、寿桃形、爪形、琵琶形等。造型生动逼真，神采奕奕。器具除了本身的造型精致外，更讲究器具的装饰之美。匠者在不同的器具上分别用玉、玛瑙、翡翠、珊瑚等珠玉宝器镶嵌装饰，做成玉蝉、狮头、鱼眼、鸭睛、提把、盖柄等形象，使银器越加华贵高雅。除此，器具的表面还雕刻有各种花卉图案及纹饰，其中个体较大的器具上

图2-11　孔府藏银质餐具

图2-12　鸭池

图2-13　金饰小鼎

图2-14　水暖盖锅

面还刻有古诗句、文赋，更增加了餐具的文化艺术价值。

如鸭池上刻有“借得南邻放鸭船，试开云梦羔儿酒。”如图2-12所示。

又如桃形碗上刻有“万选青钱唐学士，三春红杏宋尚书。”

有的餐具上则用钟鼎文、籀篆文等文字刻有说明性的铭记。如有一件“金饰小鼎”上刻有：“考旧礼图鼎，士以鐵之为大，女以铜为上。诸侯饰以白金，天子饰以黄金。故铭此器，曰金饰小鼎。”如图2-13所示。

图2-14的水暖盖锅也有铭文，类似的器具还有许多。这样的铭文，使人一目了然，不仅增加了餐具的艺术欣赏价值，而且还提高了它的历史文化价值。从某种意义上讲，已经超出了食饮器具本身的价值。

由于餐具的高雅华丽，餐具的主人和使用者就必须是位高尊贵的显赫者。孔府拥有这样的餐具不仅显示了“衍圣公府”“安富尊荣”的地位和身份，对于能享用该餐具的客人来说也是如此。所以在孔府，只有皇帝皇后、亲王和钦差等皇室要员才有资格使用此套餐具。

根据山东著名的饮食文化学者张廉明先生的研究认为，这套餐具可以分为三大部分。第一部分是小型餐具，包括匙、勺、杯、汤碗、分碟、果碟、漱盂等种类，其特点是小巧玲珑，系列配套，按客（每人一套）配置，非常完美。第二部分是菜肴盛器类，主要是用来盛放热制菜肴的。可分为两类，一类是用水保暖的双层餐具，又称“水暖具”。盛菜部分与外层之间有一隔层，内中可注入开水，以起保温作用，设计特别巧妙。另一类是火锅类餐具，有烧木炭的，有烧酒精的几种，都异常典雅古朴，而且气势不凡。如在该套餐具中有一个“一品锅”，锅呈四瓣桃园形，盖柄是一枝双桃枝叶伏于盖顶，桃瓣四方刻有“当朝一品”四个字，餐具直径约40厘米，乃传世佳器。这种火锅在清朝年间是不能随便使用的，非孔府这样的显贵门第不能拥有，如图2-15所示。餐具的第三部分是点心盒，专门用来盛放各类点心的，有独盒，有四格攒盒等。

关于这套华美的银质餐具的名称和用途，目前学术界尚未形成统一的意见。张廉明先生认为全名是“满汉全宴、银质点铜锡仿古象形水火餐具”。就是说，是孔府专门用于“满汉全席”的一套高级餐具，得到了大部分人的支持和认可。浙江工商大学的赵荣光教授则认为应该称为“银质礼食大宴食器”。理由是文档中没有确切地记录，而且与“满汉全席”出现在清朝年间的史实不符等。有少数学者同意这一观点，而且《孔府档案》的记录中确实没有“满汉全席”的名称，

图2-15　当朝一品锅

只有“满席”“汉席”的记载。从历史文化的角度上讲，弄清楚这套餐具的来龙去脉及其规范它的名称和使用价值，是有着极其重要意义的。实际上，这套餐具的存在，对于孔府而言，其彰显家族至高无上地位的意义远远超过了餐具本身的实用价值，所以《孔府档案》中没有使用该套餐具的记录。按照中国传统的礼制，皇帝所赐之物，是需要当作宝贝供起来的，以表示对皇恩浩荡的感激之情。此套餐具之于孔府大概率也是如此。

就宏观而言，这套由皇家所赐的银质餐具的存在，无论定名如何，使用情况如何，都足以反映出孔府饮食生活豪华尊贵的气派与孔府饮食文化的丰富内涵，从而也体现出了中国饮食文化璀璨绚丽的历史风貌与博大精深的意蕴。图2-16～图2-19是其他器型的餐具。

图2-16　铭文鸭池

图2-17　鱼池一

图2-18　鱼池二

图2-19　铜俎盘

第三节 古色古香的瓷质餐具

众所周知，我国人民使用的餐具最普遍的还是瓷质餐具。中国是“陶瓷王国”，自古享有盛誉，以至西方人用china（原意陶瓷）称谓中国，由此可见瓷器在历史上的深远影响。在孔府，银质餐具仅用于那些高级豪华的席面。而平常所用的大宗，同样是瓷质餐具。然而，由于瓷质餐具具有极易破损的特点。所以，在孔府能保留到现在又无破损的成套瓷质餐具几乎是没有的。根据现在的情况看，清末孔府常用的配套瓷质餐具有两种。一种是乾隆年间出产的博古餐具，全套四百九十多件；另一种是清光绪年间的高摆餐具，计一百三十件。这两套餐具因使用频繁，破损得非常严重，20世纪80年代，工作人员进行清理时，已所剩无几。但从仅存的情况看，孔府当年所用的瓷质餐具是极为考究的。一是讲究餐具的产地，非官窑名产不用；二是讲究古朴典雅，餐具的造型、纹饰庄重大方，尊贵而不绮丽，给人一种古色古香的深沉感；三是注重配套成龙，使宴席风格一致，避免了乱搭乱配的毛病；四是重视餐具的正统性。所谓正统性是指所用餐具恰如其分，大小相宜，高矮相配，无奇形怪状之品，无违礼的情形，这就是孔子提倡的“觚不觚，觚哉”的原则。

偌大一个孔府，其餐饮宴席活动之频繁，绝非三两套餐具可以应付的，但限于资料及现存实物情况，我们已不可能详细地了解当年孔府使用各种瓷质餐具的情况，也无法确定除了现存的几套成套餐具之外，是否还有其他套用瓷器。现今只能根据《孔府档案》所记录的当年购买零散餐具的情况，从一个侧面来透视当年孔府在使用餐具一项的耗费概况。据《孔府档案》记录，孔府仅在清道光元年就曾多次大量购进瓷质餐具，数量在几百至上千件不等。规模较大的有两次。一次是道光元年正月，一次是在十二月。现据《商州买海味干菜果品纸张瓷器茶叶杂货账》记载的清道光元年正月所采购的瓷器详情，抄录如下。

淡描大碗二十个钱三千六百文，

淡描七寸十个钱一千四百文，

淡描中碗三十个钱三千六百文，

淡描五寸十个钱九百文，

淡描汤碗二十个钱一千二百文，

冬青大碗一百七十四个钱十九千一百四十文，

冬青七寸八十个钱七千二百文，

冬青中碗一百二十个钱七千六百八十文，

冬青五寸三百零七个钱十六千五百七十八文，

冬青汤碗九十八个钱三千九百二十文，

冬青令盅四十个钱六百四十文，

淡描盖碗十副钱一千四百文，

腰玉五寸十个钱四百二十文，

蚩虎令盅二十个钱二百文，

蚩虎茶盅二十个钱四百四十文，

冬青九寸十个钱一千八百文，

碎瓷大碗十二个钱一千五百六十文，

碎瓷大盘十二个钱一千五百六十文，

淡描茶盅十个钱四百文，

淡描大碗十个，

淡描中碗十个，

淡描七寸二十个，

淡描五寸十个，

淡描汤碗十个，

冬青大碗二十个，

冬青七寸二十个，

冬青五寸三十个，

碎瓷中碗十个，

碎瓷大碗十二个，

冬青小碗十个，

冬青中碗十个，

冬青大碗十个，

冬青九寸十个，

……

仅根据以上记录，这次所采买的不同规格、不同质地、不同品种的常用餐具、饮具等就多达一千二百四十余件（套），其耗费之巨由此可窥见一斑，足以显示孔府当年使用瓷质餐具的情况。图2-20～图2-25是现存孔子博物馆具有文物价值的明清名贵瓷质器具。

孔府所用的瓷质餐饮具，不仅数量之多，讲究古色古香的意境，而且还有许多巧妙之品，讲究艺术情趣。如孔府用的酒杯，有几种就特有风格。如温酒

图2-20 人物围碟

图2-21 人物围碟底款

图2-22 青花瓷碗一

图2-23 青花瓷碗二

图2-24 粉彩盘

图2-25 绿彩龙纹盘

用的酒壶，喝酒用的酒令杯，就别有情调。现存的酒令杯中，尚有“套杯”和“漏杯”两种。

套杯，共有八只，为清嘉庆年间所制。此杯之妙，在于八只杯由小到大按比例制作，一一相套装在一大杯内。最大的一只可盛酒半斤，最小的一只仅可盛几钱。主要用于罚酒，可根据不同规定用不同容量的酒杯罚酒。酒杯不仅造型精美，而且瓷杯外表还彩绘“西厢记”连环画，每只杯有两幅，共十六幅。使酒杯的艺术价值更加珍贵，堪称稀世之品。

还有一种“漏杯”，制作更加奇巧。酒杯呈碗状，杯内中央有一个直立小人，与杯烧制一体。小人头与杯口同高，右手从肘腕处弯成水平，手握拳，拳心向上。当向杯内倒酒时，酒不能没过拳头的背面，一旦超过此限，酒杯中的酒就会从底部全部漏光，一滴不剩，其妙就在于此。可谓匠心巧思独制，也为稀世之宝。

第四节　风格典雅的餐桌布置

孔府用于宴席上的餐桌、凳椅，精美讲究，华丽典雅。

餐桌椅，是构成宴席的基础器具。孔府的餐桌椅，多为清中叶以前制作，属明代式样，风格典雅，制作精粹，在孔府这一深宅大院中更透露出一种贵族的气派。

餐桌，内宅中有桌、案两种。桌，有方形、矩形、半圆形、圆形四种。方形餐桌，又有大、中、小的区别。矩形餐桌，一种是单独使用的，另一种是两个同样矩形桌合而并成一大方桌的“半桌”，半桌，也有大、中、小之别，又俗称酒桌。半圆形餐桌，又可当二人用茶桌。圆形餐桌，为清中叶以后制作，桌面直径近1米，中轴可转，下为霸王枨分腿。桌，为宴饮铺陈酒菜之用。案，则为暂时放置肴馔、器皿之具。案有两种，一种是平头式的；一种是翘头式的，也可用为酒桌。

椅凳，一般是与桌案配制的，并与之在造型、风格上一致，相得益彰。有形制大宗的高、矮两种南官帽椅，还有各类便凳。

另外，孔府食具中的筷子，有硬木、牙骨和银质的。硬木筷子用乌桕、楠、檀、红诸等木料，且银镶头、套。筷形，或圆柱形，或上方下圆形。招待差役仆佣的筷子，则为漆木和竹质的。汤勺，则为银、瓷两大类。

由此可以看出，孔府饮食器具的用料是多种多样的，有金、银、玉、玛瑙、翡翠、玻璃、犀角、瓷、陶、铜、锡、木、竹等，一应俱全，典型地体现出中国封建富豪之家器用精美珍奇的特点，如图2-26～图2-29所示。

总之，孔府各种名贵餐饮具，是孔府饮食文化的一个组成部分，它不仅体现了中国传统的饮食审美观，也从某种程度上丰富和填补了中国饮食文化在这方面的内容和缺憾。充分显示了饮食器具在中国饮食文化中的重要作用和地位。

图2-26　寿宴桌面

图2-27　家宴桌面

图2-28　八仙桌桌围

图2-29　喜宴桌面

第五节　孔府宴席创意餐具

山东省有关部门从20世纪80年代组织挖掘整理孔府菜和孔府宴席以来，孔府内所保存下来的一些银质餐具和残缺不全的瓷质餐具，就已经失去了它们的应用价值。那么，传统的孔府菜和孔府宴席需要用新的餐具来盛放和展示，或者使用酒店通用的宴席餐具，或者借用仿古的瓷质餐具，抑或为了展示孔府菜的华丽采用一些仿古代御用餐具。但令人遗憾的是都不能够准确地展示孔府菜之美，也无法比较满意地彰显出孔府宴席的文雅大气的官府文化之美。因此，研发适合于孔府菜的专用餐具或特色餐具，就成为许多酒店长期以来在探讨的问题。在这个方面。目前比较有成效的当属于济宁东方儒家酒店集团麾下的几个酒店，包括曲阜东方儒家花园酒店、菏泽儒家长宏大酒店、济宁杏坛世家大酒店等，都推出并使用了自己研发或经过遴选，与陶瓷制作单位合作生产出品的孔府宴席专用餐具。下面简要介绍几种孔府宴席专用餐具。

一、“有凤来仪”孔府餐具系列

以清代文官朝服补子的背景图案为文化元素，选取其中的海浪花纹和凤的图像为应用符号，借以表达孔府在清朝年间被列为“文官之首”的地位和荣耀。取名“有凤来仪”。如图2-30～图2-35所示。

图2-30　“有凤来仪”孔府餐具之一

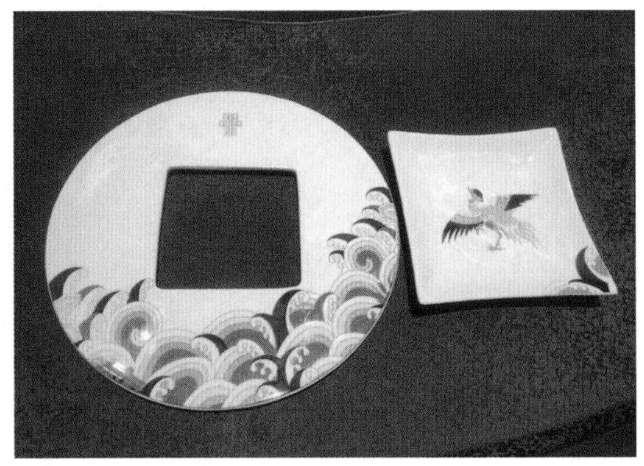

图2-31　“有凤来仪”孔府餐具之二

图2-32 “有凤来仪”孔府餐具之三

图2-33 “有凤来仪”孔府餐具之四

图2-34 “有凤来仪”孔府餐具之五

图2-35 “有凤来仪”孔府餐具之六

二、湖蓝彩瓷孔府餐具

目前，除了以上“有凤来仪”孔府餐具系列之外，还有一些酒店为了展示酒店本身的审美风格和酒店主题文化特征，纷纷推出了一些其他文化元素的孔府宴席餐具，其中的湖蓝彩瓷孔府餐具系列就是代表，如图2-36~图2-39所示。

同时，济宁市烹饪餐饮业协会在济宁市文化和旅游局的指导下，正在积极与陶瓷生产厂家联合研发新的孔府宴席餐具，包括孔府餐具礼品装、礼宾装等。

三、“孔子六艺”孔府餐具系列

“孔子六艺”主题孔府餐具的设计，充分运用了孔子当年行教时所传授的六

图2-36 湖蓝彩瓷孔府餐具之一

图2-37 湖蓝彩瓷孔府餐具之二

图2-38 湖蓝彩瓷孔府餐具之三

图2-39 湖蓝彩瓷孔府餐具之四

门课程，史称“六艺”，即礼、乐、射、御、书、数为背景，采用优雅淡爽的青花瓷风格，充分展示孔府诗书传家、礼仪传承的圣人之家的风采。整套餐具优美、淡雅又不失大气隽美之风格，如图2-40、图2-41所示。

图2–40 “孔子六艺”孔府餐具设计图

图2–41 “孔子六艺”孔府餐具

第三章 孔府宴席酒文化

无论是从介绍和探讨孔府饮食文化的角度，还是从孔府宴席的角度，中国的“酒文化”自然是少不了的。古人所谓的“酒食合欢”，民间的“无酒不成席”等，都是在阐明酒在宴席中的重要意义。酒在“衍圣公府”的生活中，也是每时每刻都不可少的内容。没有酒饮，便不成宴席，没有酒供，则不成祀礼。因此，在孔府日常的饮食消费中，除了大量的美馔佳肴、小吃点心等食馐之外，以酒为大宗的饮品也是消费巨大的项目之一。所以，美酒玉液是孔府宴席的主要构成部分，同时孔府酒文化也是孔府饮食文化的重要组成部分之一。

第一节　孔府宴中的酒饮

中国人习惯上又把宴席称之为“酒席”或“酒宴”。大多数的情况下，人们还把出席喜宴、寿宴称为“喝喜酒”“喝寿酒”等。宴席与酒席虽一字之别，却较为准确地反映出了酒在中华民族的传统宴饮活动中的重要地位。所以，古人便有了“无酒不成席”“无酒不成礼”的说法。同样，在孔府的饮食活动中，无论是高档豪华的宴席，还是节日及日常之食，缺了美酒玉液，其宴席的意义也就殆尽。有些宴饮活动，虽然厨师们费尽心血使用了无数的山珍海味，制作成为美馔佳肴，堆满宴桌，但没有佳酿相助，恐食之也是索然无味，不能尽兴。由此看来，酒在宴席中的地位，有时甚至超越了佳肴美馐的作用。因而，当人们一提到请客、请吃时，首先想到的是吃酒、喝酒。至少是在宴席中，酒的地位在人们的心目中似乎远远地高于食馔之上的。

酒在孔氏家族同样有着不可割舍的联系。在孔氏家族两千年的传承中，就曾出现过许多与饮酒历史相关联的故事和人物。由于酒在儒家学派所倡导的“礼食”中，同样充当重要角色。所以，孔氏世家的始祖孔子并不反对饮酒，但却极力反对饮酒过量。于是《论语 · 乡党》中有“唯酒无量，不及乱”的饮酒准则。孔子认为，每个人的酒量各有不同。善饮者可多用，不能者则少饮，总的原则就是不要过量。因为饮酒过量往往会使人的语言、思维、行为等能力失去控制，就会导致失礼乱伦的越礼行为，其后果不堪设想。然而，尽管孔子如此告诫世人及其后人，但就连他自己的后代中，却偏偏就有不尊祖训的子孙。其中最有名气的便是孔子的第二十代孙孔融。孔融，字文举，曹魏时代，以文名著称于世，成为中国文学史上著名的“建安七子”之一。与文名相匹的则是他的酒饮之名，堪称三国时期闻名于世的豪饮狂士。他一生除了为官作文之外，尚有两大嗜好，一是好客；一是好饮。他自诩是“座上客常满，樽中酒不空”的雅士。在酒禁有令面前，为了给自己的饮酒找到合法的理由，他曾不顾性命之虞而向曹操上书与之抗争。《后汉书·孔融传》云：“献帝征孔融为将作大匠，遣少府，时年饥兵兴，曹操表制酒禁，融频书争之，多辱慢之辞。”[①]为此曹操怀恨在心，后来还是借故杀了孔融。在孔府几十代的“衍圣公”中，也不乏好饮之辈。第七十三代孙“衍圣公”孔庆镕，是乾隆皇帝的御外孙。自幼聪慧，后以诗文闻名于世，而他的酒名也远播海内，在清朝时素有“第三酒人”之称。他以“诗圣”“酒圣”双栖的唐代大诗人李白为榜样，在他悠闲浪漫的生活中，饮酒吟诗，常年不倦。酒助诗兴，诗借酒力，确也写下了许多豪放的诗篇。他在自家花厅的抱柱上写有一副对联。云：“酒渴诗狂啸傲且看吟日景，花晨日夕风光仍似昔年春。”正是他一生诗酒生活的真实写照，也为孔氏世家的酒话徒增趣谈。图3-1是现存于孔子博物馆的一个古代饮酒器——爵。至今在祭祀孔子的典礼活动中，举凡酒供、酒礼、敬酒等皆用仿古铜爵为其主要酒具。

图3-1 青铜酒具——爵

关于孔子世家的饮酒，应该有着遗传学上的久远传承。对此，历史上还有一段关于孔子及其后代饮酒的趣事。

在所有记录孔子生活的文字中，记录孔子饮酒的文字是最少的。孔子是一个遇事必按“礼”的要求去做的倡导者，他虽不反对人们饮酒，却也看不出他对酒的溢美之意，至少他不提倡过量饮酒。《论语·乡党》中有“唯酒无量，不及乱”之语，就

① （宋）范晔撰．后汉书．（唐）李贤等注．北京：中华书局，1997.

是孔子对待饮酒的态度。

然而，根据孔子的第九世孙孔鲋所撰的《孔丛子》一书记载说，孔子其实是一个酒量颇大的人。虽称不上海量，也可饮上百觚。觚，是先秦时用于饮酒的一种酒具。一觚酒大约是三升的量。汉代《说文》云："一曰觞，受三升者觚。"若此算来，孔子一饮可达三百升（并非今日升的单位）之多。此说虽难免有些夸张，但孔子酒量不在一般人之下，是可信的。据《孔丛子》载：战国时期赵国的相国，素有"平原君"之称的赵胜，有一次与孔子的第七世孙孔穿（字子高）饮酒。因孔穿不胜酒力，平原君则强劝孔穿饮酒。并说，我听民间有谚语说，古代的圣贤尧和舜每人能饮千钟（钟，古代一种酒器），你的先祖孔子也能饮百觚，连孔子的弟子子路在说笑之间都能饮上百榼（榼，古代一种酒器）。由此看来，古代圣贤之人没有一个是不善饮酒的。你是圣人之后，岂有不饮酒之理。孔穿听后则辩曰，以我本人的孤陋寡闻所知，古代圣贤之人均是以高尚的道德情操高于一般人，从来没有听说以善饮酒而高于常人的。[①]赵胜距哲人孔子死后已经一百余年了，所以他所说孔子能饮"百觚"的事情也是民间传言，也是没有可靠的依据。不过在言谈中，孔子的后代孔穿也并未否认孔子饮酒的传闻。孔子虽然善饮，却很少饮酒，即使非饮不可的情况下，也只是少饮而不失其礼数，使自己始终保持清醒的头脑，决不会因饮酒过量而导致失礼的行为发生。

在旧时的孔府中，酒徒醉客毕竟与"诗礼传家"之旨相悖，虽然文人也有狂放的时候，只能是些小插曲而已。尽管如此，旧时孔府中酒的消耗量却是居高不下的，因为要用于各种饮宴接待活动和应酬。明清年间，孔府中的酒品消费，其实是多方面的。首先是府内的宴饮接待之用，即宴席中的用酒。孔府每年举办的各类宴席可以说是不计其数的，如果赶上年内有大规模的寿庆、婚嫁等仪礼活动，其宴席用酒的数量更是大得惊人。据《孔府档案》记载，仅在清朝的道光元年（1821年）孔府就购进绍兴酒600余坛。其他品种的酒品及自酿的家酒无记在内。当然，这么多的酒除了酒宴消费饮用之外，孔府祭祀中的用酒量也是非常大的。孔府每年较大的祭孔活动就有十几次，加之孔林中几十次的墓祭，几乎每天都有祭祀活动。孔林中的墓祭除了祭祀孔子墓之外，还有"衍圣公"近世祖墓等。这些祭祀活动中，酒是必用之品。据孔府的"林庙守工百户"在清光绪十五年（1889年）给孔府的报告中记载，该年祭祀仅林庙一处

① （汉）孔鲋撰．孔丛子．周海生译．北京：中华书局，2009．

图3-2　绍兴窖藏老酒

图3-3　绍兴花雕

"共用洋烛一千二百斤，用黄酒七百四十余斤"。仅这两项，"每年花费共计京钱五百三十余千"。图3-2为绍兴窖藏老酒，图3-3为绍兴花雕。

宴用、祭祀的用酒量在孔府已是相当客观，而礼尚往来的礼品酒，其用量也不可忽视。孔府每年重要的年节及一些特别的活动，都要馈赠许多礼品给各级地方官员，以加强与他们的感情联络。地方官员上至抚台、学台、藩台、臬台，下到知州、知县都要一一打点。在礼品单中，酒也是必不可少的。而且送礼用的酒一般都是品质优等的名酒或细酒。如清光绪七年（1827年）中秋节，在送给学台的礼品中，就有"料丰绍兴两坛"及其他食品、点心、水果一大宗。

从以上几个方面的用酒消费来看，仅酒的采购及自制酒坊的生产在孔府就是一项繁重的事情。因此，清朝年间的孔府，不仅拥有自己的酿造酒坊，而且还设有专门的定点供酒渠道，以保证府内大量用酒的需求。

孔府的用酒，不仅数量巨大，而且品种也非常丰富。这些酒品购自全国各地。根据《孔府档案》中宴席菜单和采购账目的记录可知，明、清年间，孔府购进的外地名酒主要有以下品种：

露酒、绍酒、黄酒、南酒、金酒、元酒、火酒、米酒、汾酒、菊酒、洋酒、清酒、金华酒、元红酒、惠泉酒、三白酒、福贞酒、百花酒、木瓜酒、葡萄酒。

根据赵荣光先生的《天下第一家衍圣公府食单》一书所列举的五十余种豪华宴席菜单统计看，孔府宴席中饮用数量较大的酒有绍酒、金酒和露酒。

绍酒是一种产于浙江绍兴的黄酒，不仅味道醇厚悠长，酒液黄亮有光，香气浓郁，而且对人体有滋补活络等医药作用。因而，孔府的宴饮、礼品用酒大多是绍兴酒。孔府菜烹调中用来调味的用酒也是绍兴酒。所以，绍兴酒在孔府一年的消费量多达五六百坛之多，也就顺理成章了。

金酒，即金华酒，是明清年间很有名气的一种酒品。尤其在《金瓶梅》这部小说中，金华酒几乎成为小说中的主角。关于金华酒的产地，史学界上有分歧。一说产于现在浙江省的金华，由此名之曰“金华酒”；一说产于山东的兰陵一带。从孔府使用金华酒数量之大的情况来看，产于山东兰陵一带是有可能的，此处对此不作探究。

露酒则是用水果酿造的一类酒度较低的色酒，酒味一般较醇和甘甜，故又有“果酒”“甜酒”之称。酒度柔和，刺激性较小，是清朝年间一种较为普及的酒类。露酒对人体有补益养身之功用，尤宜长者、不善饮酒者及女宾饮用。故孔府宴席用酒，常与汾酒、金酒等配合，以供不同客人口味的需求。

第二节　孔府酒

孔府用酒，采购外地是其大宗，但府内酒坊每年也酿造数量可观的家酒，孔府自称为“府酒”“家酒”。据当年曾在孔府任职的孔繁银老人回忆说：“十四年抗战时，孔德成（孔府第七十七代孙“衍圣公”）走了，大库房一直锁着。解放后，打开前堂仓库，里边东西很多。大酒缸上都有石灰草泥封口，盖的印有‘道光’‘咸丰’‘光绪’年间的字样。那酒都黏成线了，打开泥头，满院子喷香。”这些酒，就是当年孔府酒坊自酿的家酒。

孔府酿酒的历史，始自何年何月，限于资料之短缺，已不可考。但曲阜是鲁国古地，有着悠久的酿酒历史，史称“鲁酒”。但是，先秦时期的“鲁酒”是低度的米酒，与后世孔府家酒的蒸馏酒不可同日而语。不过，孔府家酒具有传承古老“鲁酒”的历史文化命脉的意义。即便是现在的孔府家酒的酿造技术，与明清时期孔府家酒的酿造技术也是不同的。但文化意义上，孔府家酒仍然具有传承“鲁酒”文化的古风遗韵。

一、关于“鲁酒”的传说

早在春秋战国时期，鲁国就有一套酿造低度酒的技术。史籍中把它称之为“鲁酒”。该酒因其酒度较低，酒味略显清淡而被视为薄酒。《庄子·胠箧》有“鲁酒薄而邯郸围”的历史故事。因为鲁酒的酒度低而引出了鲁国、楚国、齐国、赵国、梁国之间的一场战争，在春秋战国史上也算是一段趣闻了。关于这个典故，史家有两种解释，均出自《释文》。

一说：“昔楚宣王朝会诸侯，鲁恭公后至而酒薄。宣王怒，将辱之。恭公曰：‘我周公之胤，行天子礼乐，勋在周室。今送酒已失礼，方责其薄，无乃太甚乎！’遂不辞而还。宣王怒，乃兵伐鲁。梁惠王恒欲伐赵，畏鲁救之。今楚鲁有事，梁遂伐赵而邯郸围……”[①]当时鲁国出产的酒被称为“鲁酒”，在春秋战国时期是很有些名气的，许多诸侯国都把鲁酒视为佳酿。朝回公盟、信使往来，凡到鲁国境内，无不以一尝鲁酒而为快事。楚国当时的诸侯中势力较强大，曾为霸主之一。有一次，楚宣王盟会各诸侯国之君，也想借机品尝一下鲁国的佳酿。然而，鲁国向来鄙视楚国，因而对盟会之事，并不十分重视。但出于礼貌还是出席了朝会，但却比预定日期迟到了几天，而且所带的鲁酒也是质差味淡的。因为迟到，楚宣王已是不满，及至尝过鲁酒，知不是上品，更加恼火，当着众诸侯的面欲羞辱鲁恭公。鲁国当时势力虽弱，但毕竟是一个礼仪大国。鲁恭公见状，当面训斥了楚宣王一通后，未等盟会结束，就不辞而别回到了曲阜。第二天，楚宣王闻之鲁恭公已启程回国，于是大怒，遂率军队，并约同齐国南北夹击，攻打鲁国。此时梁国的梁惠王因与赵国有隙，早有攻打赵国之意，但是又怕楚国救援赵国。所以，一直未敢轻易动手。当看到楚宣王率部攻鲁，便认为时机到来，结果就乘机出兵包围了赵国的国都邯郸，一场多角战争由此爆发。

另一种说法，则是《释文》引自许慎注的《淮南子》。说：“楚会诸侯，鲁赵俱献酒于楚王。鲁酒薄而赵酒厚，楚之王酒吏求酒于赵，赵不与。吏怒，乃以赵厚酒易鲁薄酒，奏之。楚王以赵酒薄，故围邯郸也。”[①]意思是说，楚宣王有一次会盟各国国君，鲁国的国君鲁恭公和赵国的赵成侯都带着美酒献给楚宣王。鲁酒的酒度低味也淡，而赵国性烈味浓。楚宣王嗜喝性烈味浓之酒。楚国当时掌管酒事的官吏也喜欢喝味浓的酒。于是就私下和赵成侯讨要，赵成侯没有给他。结

① 清·郭庆藩撰．庄子集释．王孝鱼点校．北京：中华书局，2013．

果把酒吏惹火了。出于报复心理，酒吏就把鲁国和赵国的酒相互换了标签，献给楚王喝。楚王一喝赵国的酒，无昔日性烈味浓感，以为赵国故意轻视他，当下大怒。本来楚宣王早有灭赵之心，于是借机出兵包围了赵国的国都邯郸。

两个故事情节虽有区别，但均因鲁酒性缓味薄而引发的。所谓鲁酒薄，实际上就是酒度较低的酒，也就是类似现今的低度酒（但不是今天的白酒）。这说明曲阜古地，两千多年前就以酿造佳酿而闻名。大概鲁国的国君压根就没有瞧得起楚国，所以故意带去了质量一般的酒。由于鲁地自古就有酿酒的传统，所以后来历经发展，鲁酒一直享有盛誉。唐朝大诗人李白曾客居任城（现在的济宁市），深为鲁酒之美所折服，大加赞美，为此写下了许多吟咏鲁酒的诗篇。如《酬中都小吏携斗酒双鱼于逆旅见赠》诗云："鲁酒若琥珀，汶鱼紫锦鳞。山东豪吏有俊气，手携此物赠远人。"又如《沙丘城下寄杜甫》有："鲁酒不可醉，齐歌空复情。"《秋日鲁郡尧祠亭上宴别杜补阙范侍御》有"鲁酒白玉壶，送行驻金羁。"《留别西河刘少府》有"闲倾鲁壶酒，笑对刘公荣。"等等。唐宋年间，除了李白，还有许多诗人墨客对鲁酒赞不绝口。如唐代韩翃在《鲁中送鲁使君归郑州》诗中有"齐讴听处妙，鲁酒把来香。醉后著鞭去，梅山道路长。"之句，在他们的心目中，鲁酒已是纯正浓香的佳酿。

自酿家酒，在旧时的曲阜甚为流行。明清以后，开始了蒸馏酒的酿造技术，就是今天的白酒。至今在鲁西南地区仍有农家按传统的酿制技术，酿制酒度醇厚、柔和绵香的纯粮食白酒，以备自饮。

孔府在明清年间，之所以能酿制出味香甘醇的孔府"家酒"，显然与当地悠久的酿酒历史是分不开的。孔府家酒的酿制方法，无疑是在继承传统地方酿酒技术的基础上，对用料精细把关，对工艺不断改造，使传统技法得到完善提高。所酿之酒酒度适中，馥郁醇厚。这就是孔府家酒之所以受人喜欢的主要原因，也是能够传世的关键。

二、孔府家酒的过去

据传，孔府家酒以其独特的酿造工艺和口感特色，曾赢得过皇室的赏识。明清年间，各地的豪门富户及地方官僚们，每年都要向宫廷内进贡最好的东西，以求得有个升官发财的机会。于是他们不惜花费大量的钱财，购置奇珍异宝、名品特产，送运皇宫。但由于许多官僚所进贡的物品繁多，又多有雷同，无新奇之感，往往得不到皇帝的赏识。孔府主人身居“一品”文官之位，自然也要每年向皇室进献纳贡。孔府的贡品往往都是些精美的食品和特产，实际上也是平常之物。有一年，孔府主人别具匠心，将府内自酿的米酒，用考究的酒罐盛装封严，贴上写有“孔府家酒”字样的醒目标签，派人专门送往京都，献进皇宫。自明朝以来，皇室上下无不以尊奉“至圣先师”为荣，见孔府贡来“圣府”家酒，自然感到欢欣，无不以一尝为快。于是，从皇帝到御前大臣每人尝了一杯，不想醇厚甘香，馥郁悠长，沁人心脾，个个啧啧称道，皇帝也异常喜欢。为了能使宫廷内时常喝到“孔府家酒”，皇帝就下了一道圣旨，令孔府每年进献的贡品中，其他均可减少或免进，唯“孔府家酒”必须年年奉献，不得有误。由于孔府家酒得到了皇帝的赏识，自此而名声大振，备受达官贵人的青睐。

除了朝贡，孔府家酒也常常作为礼品馈赠各级地方官员及亲朋好友。好多有些身份和地位的时人，无不以能喝上孔府家酒为幸事。

然而，孔府家酒虽然美好，在旧社会却是远离大众的佳酿，它仅是孔府主人、皇室贵胄及少数地方官吏们宴席的宠物。它的酿造虽是劳动人民的血汗，但广大人民群众根本不可能有机会享用得到。这就是历史上悲哀的一页。正是:

深阙大院锁佳酿，
皆是平民血汗香。

三、孔府家酒的新生

中华人民共和国成立后，孔府古宅以及孔庙、孔林已经成为国内外游客旅游观光、瞻仰圣迹的胜地。然而由于历史的原因，孔府家酒的酿造技术曾一度失传。20世纪50年代以后，陆续推出的“孔府家”和“孔府宴”酒品系列，不仅传承了孔府家酒传统的酿造技艺，而且在嫁接新的生产工艺于创新酒品之后，迎来孔府酒文化的新生。

1. 从“曲阜老家”到“孔府家酒”

1958年7月，酒厂获批在曲阜西关外路南原“福顺源”旧址建设“曲阜酒厂”。酒厂开始生产酿造的“曲阜老窖”，以传统工艺大曲老窖为其特色，则是传承了孔府传统的酿造技术。后来随着酿酒技术的现代科学化改造，又融合了现代酿造技艺。该酒属浓香型的特质曲酒，以其优质高粱为原料，以高温麦曲为糖化发酵剂，引用曲阜优质地下泉水酿制，在经过长时间老窖的陈酿而成。具有窖香浓郁、醇正甘洌、绵软回甜、余香悠长的特点。并且有“闻香、喝香、回味香”和“香正、味正、酒体正”的特征，一度成为山东省和全国著名的优质白酒。

然而，“曲阜老窖”的生产，虽然弥补了鲁国故地传统酿制技术的空白，但与当年的孔府家酒相比，还是有一定的区别和差距的。于是，以弘扬中国传统酒文化为目标的曲阜酒厂，在20世纪80年代初，酒厂技术人员经过反复查阅《孔府档案》，遍访尚在世的孔府旧有供职人员，经过精心整理研制，终于将这一久负盛名的孔府家酒再现于世人面前，奉献给广大中外宾客。客观地讲，现在出产的孔府家酒显然与当年的孔府家酒有一定的区别，但却有一定的技艺传承与历史渊源的关系。该酒厂是根据《孔府档案》珍藏的酿制配方，在“曲阜老窖”原有工艺的基础上，再度进行了改革创新，使孔府家酒既保持了酒度适中、酒味更加醇正隽永的特点，又具有现代消费特征的商品意识与文化内涵。可谓新酒更胜旧时的酒坊之制。图3-4是70年代出产的曲阜老窖，图3-5是1984年拍摄的曲阜老窖配菜照片。

现在的孔府家酒仍然以优质的高粱为原料，以高温麦曲为糖化发酵剂，引用地下矿泉水，采用传统的五甑混蒸工艺，在人工培植的老窖池中长期发酵，富产醇香后，经量摘酒，分级贮存，精心勾兑而成。图3-6～图3-11是孔府家酒发酵、冷散、装甑、加盖封甑、混蒸和封坛入窖的过程。

图3-4　70年代出产的曲阜老窖

图3-5　曲阜老窖配菜图

图3-6　发酵

图3-7　冷散

图3-8　装甑

图3-9　加盖封甑

图3-10　混蒸

图3-11　封坛入窖

孔府家酒经科学测试证明含有多种氨基酸和维生素，是一种低度营养型酒品。孔府家酒的配料及各项营养指标如下：

主料：优质高粱70%。

辅料：小麦麸皮10%，稻糠10%。

作料：温曲5%，发酵剂3%，曲种2%。

碳水化合物：4.61克。

维生素B_1：0.91毫克。

维生素B_6：0.01毫克。

维生素B_{12}：3.14毫克。

铜（Cu）：0.22毫克。

锌（Zn）：0.36毫克。

铁（Fe）：0.17毫克。

钙（Ca）：1.34毫克。

苏氨酸：10.41毫克。

甲硫氨酸：20.60毫克。

亮氨酸：25.76毫克。

异亮氨酸：22.66毫克。

赖氨酸：35.73毫克。

色氨酸：6.46毫克。

谷氨酸：12.50毫克。

脯氨酸：16.64毫克。

苯丙氨酸：33.52毫克。

甘氨酸：18.10毫克。

从以上的测试指标看，孔府家酒含有3种维生素、4种矿物质、10种氨基酸及4.61克的碳水化合物，适当饮用，对人体是有益的。且孔府家酒酒度较低，口味柔和，甘香馥郁。因此，该酒一经问世，便以良好的口感和历史文化背景赢得了中外饮者的欢迎。如今的孔府家酒已可生产十几种不同类型的品种，其包装精美、典雅，是饮用、馈赠的理想之品，尤其赢得了国外市场的青睐。现在，孔府家酒已远销日本、东南亚、西欧、美国等几十个国家和地区，年出口量已达数十万箱，成为我国出口量最大的白酒之一。为国家赢得了极大的荣誉，同时也获得了可观的经济效益，而且也为弘扬孔府饮食文化，乃至中华饮食文化做出了不可估量的贡献。如今，孔府家酒不仅在现代历史的进程中获得了新生，而且也从神圣的孔府故宅中走了出来，成为广大人民群众人人可享的佳酿，由昔日“圣府”的华宴之上走进了平民百姓的日常生活中。

2. 从“衍圣公”到“孔府宴”酒

在传承孔府酒文化的酒品系列中，山东经发孔府宴酒业有限公司生产的“孔府宴”酒享誉海内外。在20世纪90年代，“孔府宴”是一个响当当的文化品牌。“孔府宴”曾经一度跻身中国白酒前五名，开创了孔府文化酒系列的新篇章。

“孔府宴”酒，诞生于中国儒家文化发祥地、北方鱼米之乡的山东鱼台。据史记载，鱼台酿酒的历史十分悠久，最早可以追溯到春秋时期。据说，北宋至和二年（1055年），宋仁宗首次加封孔子第四十六代孙孔宗愿为“衍圣公”，这是孔子嫡系后裔受封“衍圣公”的开始，因此孔宗愿为第一代“衍圣公”。为了表示感恩之情，第一代“衍圣公”把当地最好的美酒，产自鱼台的佳酿进贡敬献给了宋室宫廷，成为帝王、宫廷用来招待贵宾的美酒，这也是鱼台“孔府宴”酒之滥觞，从此开启了“孔府宴”酒千年发展的序幕。

成立于1975年的鱼台县酿酒厂，秉承历史上“衍圣公府”设宴专用酒的传统酿造技艺，并且派专门的技术人员前往孔府，查阅《孔府档案》对孔府家酒酿造的史料资料，结合新的酿造生产工艺，创造推出了“孔府宴”酒，得到了广大消费者的好评。1993年，鱼台县酿酒厂正式更名为山东孔府宴酒厂，并被评为国家大型企业，各项经济指标位列中国食品工业50强。奠定了“孔府宴”的名酒和全国性品牌地位。2020年，在济宁市国资委和鱼台县政府大力助推下，“孔府宴”完成了国有化改制，注册成立山东经发孔府宴酒业有限公司，“孔府宴”成为名副其实的全资国有企业，“孔府宴”酒进入品牌再造的新时代。

有悠久的孔府历史文化的传承，有一方水土酿一方美酒的资源环境，成就了“孔府宴”酒的品牌发展之路。鱼台县，位于山东省西南部，微山湖西岸，因境内遗有鲁隐公观鱼台而得名。千里京杭大运河穿境而过，这里生态优美、稻谷飘香、湖泊纵横、荷风氤氲，特产的“鱼台大米”享誉四方。“鱼台大米”是国家地理标志产品，是酿酒绝佳的原料。鱼台地处微山湖左岸，温暖湿润的气候和自然生态的湿地，为“孔府宴”酒的酿造提供了得天独厚的良好环境。

随着近年来的发展，孔府宴酒业有限公司充分发扬承古拓新的大国匠心精神，在传统“孔府宴”酒的基础上，又陆续推出了“孔府宴”的系列创新之作。其中具有代表性的创新是“荷香汉韵”系列和“礼篇”系列。“荷香汉韵”聚焦汉文化灵魂，是在传统孔府酿酒技艺的前提下，结合鱼台特有的微山湖荷香资源，研发创新出来的“荷香型白酒”和“荷香型米酒”系列。“礼篇”聚焦儒家思想，提出“孔府宴酒，礼宴天下”“好客山东人，有礼孔府宴”的品牌定位，开始了“孔府宴”酒发展的新时代。图3-12～图3-14是“荷香汉韵”系列酒品的研发与生产场景。

作为“孔府宴”创新酿造典范的荷香型白酒，是在传统浓香型白酒的基础上，融合孔府宴“三荷”“三入”工艺，精选微山湖野生荷叶、莲子入曲增香，入醅生香、入甑提香，经三轮次酒体设计，四阶段稳定性贮存，形成了多香韵、

图3–12　酿酒现场一

图3–13　酿酒现场二

图3–14　孔府宴酒技术研发中心

多层次、多滋味的风格独特的孔府宴荷香白酒。孔府宴荷香白酒，荷香清雅、醇和舒顺、甜润绵柔、协调自然，一经推出便得到专家与市场的广泛好评。

孔府宴荷风米酒，传承中国清香白酒传统酿造工艺，以纯米酿造的清香型白酒作为基酒，独创的荷叶、莲子、葛根入香技艺，精选微山湖野生荷叶、莲子作为营养香源，基酒和香源的自然融合，荷叶、莲子、葛根的合理搭配，入口米香清雅，甜润绵柔。在鱼台与济宁周边市场广受欢迎。《孔府宴荷香型酒的研制与开发》获山东省轻工业联合会科学技术创新进步奖和山东省白酒质量安全与技术优秀论文。儒家文化、生态荷香、米酿老酒正在成为新时代孔府宴酒的品牌新坐标。图3-15、图3-16是孔府宴酒新品系列的精选。

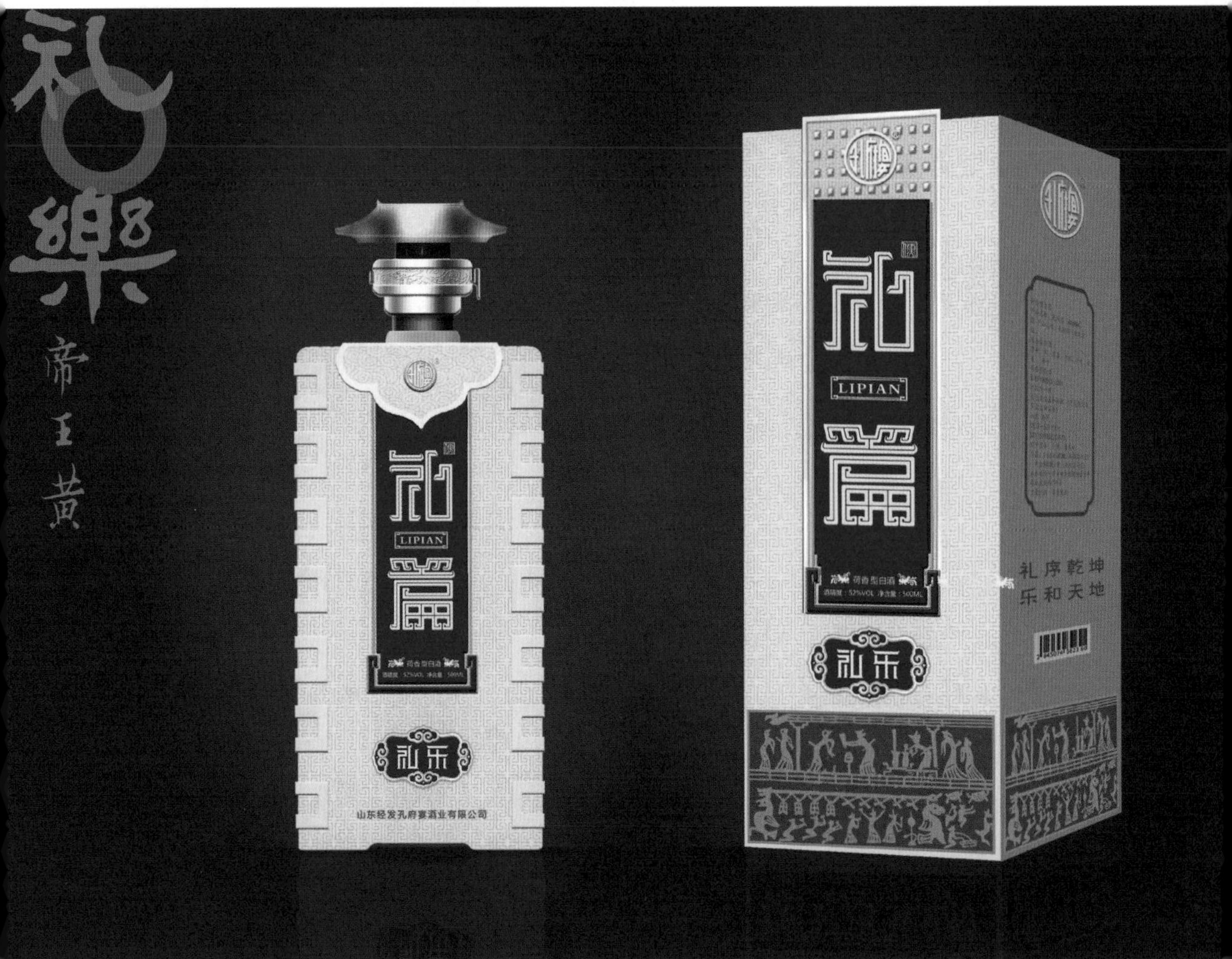

图3-15　孔府宴　礼篇·礼乐

图3-16　孔府宴　荷风米酒

下篇

孔府宴席精粹

导语

孔府宴席精粹精选了“第八届中国（曲阜）孔府菜美食节”展示的十几种孔府饮食文化主题宴席案例，分为传统孔府宴席、创意孔府宴席、融合孔府宴席三个版块。每一种孔府饮食文化主题宴席分别从文化创意、精选菜品等几个方面，对宴席的风采和特色进行了不同程度的介绍。其中，对一些新创意研发的孔府菜肴、点心等，进行了特别的介绍。是从孔府宴席角度了解孔府菜传承、创新、发展的最好视角。

第四章 传统孔府宴席

中国孔府烹饪技艺、孔府菜馔、孔府宴席、孔府家酒、孔府餐具、孔府饮食礼仪、孔府饮食习俗，以及在儒家思想影响下的孔府饮食理念等，构成了博大精深的中国孔府饮食文化体系。从历史的进程而言，包括以上所有内容的孔府饮食文化，在清朝灭亡的那一刻，便定格在了那个时间的节点上。民国期间孔府主人以“奉祀官”的身份短时间的延续，但依旧维持着旧时代的生活状态。直到20世纪80年代，政府主管部门开始组织对孔府菜进行挖掘整理，给孔府饮食文化注入了新生力量，并且随着我国改革开放以来的经济繁荣发展，包括孔府菜、孔府宴、孔府家酒等各个方面都得到了焕然一新的变化。因此，我们可以把20世纪80年代挖掘整理以前的孔府菜、孔府宴称为传统意义的孔府饮食文化，也可以称作狭义的孔府宴、孔府菜。而之后在传承孔府饮食文化精髓的基础上创意、创新、研制、开发的孔府菜、孔府宴可以视为创新孔府宴、孔府菜，也可以称为广义的孔府宴、孔府菜。

从这样的意义上，本章所定义的传统孔府宴席，是指以孔府传统饮食文化元素和内容为主要成分所设计、制作、展示的孔府宴席，并非完全是孔府旧时代宴席的复制品。

第一节　六艺礼宾宴

六艺礼宾宴是由山东曲阜东方儒家花园酒店创意设计的孔府主题文化宴席，融合孔子行教时的六门课程：礼、乐、射、御、书、数的文化元素，借助寓教于宴的方法，通过宴席活动的完整过程，再现儒家诗礼传家的传统文化意绪。六艺礼宾宴在文化元素的运用上，最大限度地展示了传统孔府宴席的菜品组合、礼仪规制等，同时在表现方法上又借助了当代的造型艺术、时尚审美等，完整再现了昔日孔府宴席文化厚重、气势宏大的风采。六艺礼宾宴的席面设计如图4-1所示。

图4-1 六艺礼宾宴席面

一、文化创意

“衍圣公府”特殊的政治职能与社会地位，使得各朝各代的达官贵族、社会名流都成了“圣府”的客人。“有朋自远方来，不亦乐乎”的祖训，竟成了圣府主人的社会职责之一。对此“衍圣公”遵循礼制，盛情款待八方宾朋，正可谓“华盖连天，高朋满座”。运用这样的形容是不过分的。山东曲阜东方儒家花园酒店参考厚重的儒家食礼文化力求还原当时的盛宴，精心设计了这桌“六艺礼宾宴”。

所谓“六艺”，是指孔子早年所倡导的通过教育学习，要求弟子必须掌握的六项基本技能，也就是类似今天的六门课程。即：礼、乐、射、御、书、数。巧夺天工的传统孔府菜传承人，采用巧克力酱把孔子“六艺”运用绘画的形式进行完美展示，将传统文化与现代生活相融合。六艺礼宾宴在食料选择、菜肴烹饪、宴席设计、糕点制作以及饮食礼仪等方面都达到极高境界。体现了孔子倡导的“食不厌精，脍不厌细”的饮食理念，这场盛宴将会带给四方嘉宾唇齿留香、回味无穷的美食体验，还能够在满足口腹之欲的同时领略孔子“六艺”丰富精彩的生活体验！

六艺礼宾宴在菜肴、食品组成方面，主要包括预席部分的四冷荤、四干果、四蜜饯、四鲜果、四点心等。热菜以金丝燕菜领衔，其他热菜有孔府一品八珍盅、清汤鱼翅、酒香鱼卷、桃仁肘花、麒麟御书、孔府酱板肚、孔府熏鱼、翡翠菊花鱼等，点心包括五味点攒盒、山楂糕、玉书卷等。菜品以传统孔府菜为主，但也搭配了麒麟御书、玉书卷等富有创新意义的新孔府菜品。

二、精选菜品

1．金丝燕菜

金丝燕菜是六艺礼宾宴的主打菜肴，如果按照传统的宴席命名应该称作“燕菜六艺礼宾宴”，突出燕菜食材的珍贵性和高雅性。传统的燕菜制作以高汤为主，为了突出宴席菜肴的展示性，宴席制作者采用了较为新颖的表现手法，用金黄色的菌丝垫底，将少量的珍贵燕菜置于中间，像一朵盛开的金菊，颇有艺术感染力，如图4-2 所示。

2．孔府一品八珍盅

孔府一品八珍盅的菜肴，是在孔府传统一品锅和八仙过海闹罗汉的基础上，融合而成的新式八珍菜肴。菜肴中所用的八珍食材，可以根据宴席的不同规格任意组合，配以孔府著名的“三套汤”，用位餐的暖盅盛装，大气、优雅，令人耳目一新，如图4-3所示。

图4–2　金丝燕菜

图4–3　孔府一品八珍盅

3. 清汤鱼翅

清汤鱼翅是一道传统的孔府菜，但从现在环保的角度，鱼翅属于海洋保护鱼类的鳍，不可食用。本鱼翅选用仿真食材，用孔府的三套汤制作而成，既达到了环保的目的，又不失宴席鱼翅菜肴的美味，如图4-4所示。

4. 酒香鱼卷

酒香鱼卷是一道创新的孔府菜肴，选用新鲜、无污染的淡水鱼，加入白酒和其他调味品，经过腌制而成。按照传统的制作方法，这是一种“酒渍”的过程，也就是酒醉的方法。把经过酒渍的鲜鱼肉整理、卷裹成为鱼卷，再切成适当厚度的圆形厚片，摆放盘中，略显精致、隽美的气质，是一道下酒的美味，如图4-5所示。

5. 桃仁肘花

桃仁肘花是六艺礼宾宴中一道冷吃的菜肴，它是运用传统的“冻”制工艺，在食材的搭配上又有新的创意，增加了核桃仁，融动物肉香与干果清香于一体，融合了传统与创新，呈现出一款别具特色的孔府新馔，如图4-6所示。

图4-4　清汤鱼翅

图4-5　酒香鱼卷

图4-6　桃仁肘花

图4-7　麒麟御书

图4-8　孔府酱板肚

图4-9　孔府熏鱼

6. 麒麟御书

麒麟御书是运用清炸的技法制作而成的菜肴，但在菜肴的造型和意境上都有新的创意。首先，带着鱼鳞炸制，似乎有违常规，这是创意之一，创意名称的“麒麟”也是因此而来；其次是把鱼块切成长方形图书的样子，炸制后略有卷曲，像展卷阅读的“御书”，故名。经过炸制的鱼鳞脆香可口，使传统的清炸徒增异香，蘸汁而食，颇有情趣，是一道不可多得的美味，如图4-7所示。

7. 孔府酱板肚

孔府酱板肚是孔府菜中的一道传统名菜，但在装盘等表现形式上更加讲究精美，如图4-8所示。

8. 孔府熏鱼

孔府熏鱼是孔府菜中的一道传统名菜，但传统的熏制是用炭火烟熏，有少量不健康的因素存在，现在经过现代工艺的熏制，既保留了传统的风味特色，又兼顾创新与安全健康，在色泽上更加鲜艳亮丽，如图4-9所示。

图4-10　山楂糕

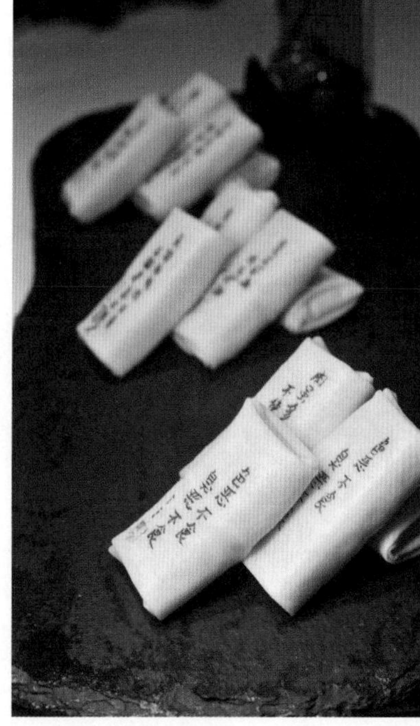

图4-11　玉书卷

9. 山楂糕

山楂糕是孔府中一道传统的点心，现在的山楂糕保留了孔府的传统工艺，但在选料上更加讲究精细，出品的造型也更加优美，如图4-10所示。

10. 玉书卷

玉书卷是一道创新孔府点心，运用传统的酥点制作技法，把点心的造型加工成为古代书卷的样子，除了美味还有寓意和意境的体验，堪称别开生面的孔府点心创新路径，如图4-11所示。

11. 五味点攒盒

五味点攒盒因盛放点心的器皿而命名。旧时孔府有多种规格的点心、干果等攒盒，有五格、七格、九格等。孔府遵循“九五至尊”的礼制，皇帝用九，孔府多用五。因此“五味点攒盒”在孔府常见。六艺礼宾宴的五味点攒盒采用五种酥点，但在造型、颜色、馅心口味上各不相同，充分体现了孔府点心制作的丰富多彩，如图4-12所示。

图4-12 五味点攒盒

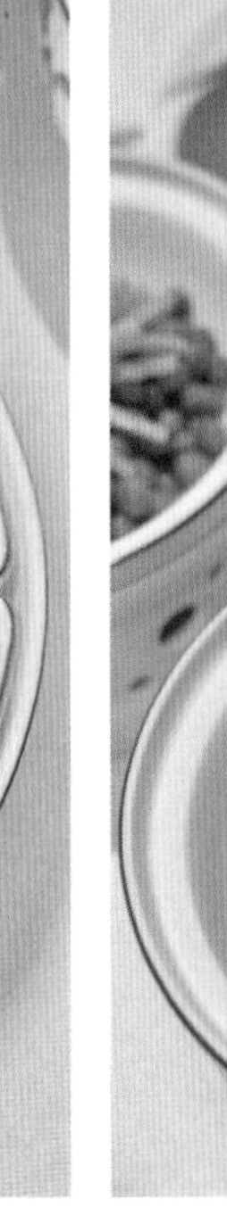

图4-13 翡翠菊花鱼

12. 翡翠菊花鱼

翡翠菊花鱼是孔府菜的创新之品。常见的菊花鱼是合餐大盘盛放，孔府菜的翡翠菊花鱼采用各吃位餐，每位食盅内摆放一个用鱼肉炸制成的菊花，底下铺垫上脆绿色的青豆，给人以耳目一新的感觉和意境，如图4-13所示。

第二节 舜耕孔府家宴

舜耕孔府家宴是由济南舜耕山庄精心策划设计而成的具有时代意义的一种孔府家宴。家宴除了美馔佳肴和传统文化元素，更多的是融合了一个诗礼传家的家庭温馨与和乐之情。正如宴席的主题词所言，这是“一起舌尖游历传承千年的儒家风味”，舜耕孔府家宴席面如图4-14所示。

孔府家宴是一个宴席体系，包括在旧时孔府内宅举行的各类礼俗饮宴形式，如婚嫁的喜庆宴、祝寿的千秋宴、丧葬的如意宴、祭祀的祀供宴、节日的合欢宴、文人的雅聚宴、迎归的接风宴、送行的饯行宴，以及弥月、拜师、签约等场合举行的各种宴席。舜耕孔府家宴则是根据孔府传统家宴的文化元素，综合性设计的孔府家宴，适合于灵活组合不同菜肴规格的客人需求。

一、文化创意

舜耕孔府家宴是以儒家思想所特有的饮食灵魂为制作理念，融合南北饮食风俗，结合孔府菜传统制作技艺创新而成。舜耕孔府家宴通过一个孔府传统的大件菜肴“八仙过海闹罗汉”，把一个家宴的文化氛围烘托出来，然后以满园春色的一组花色拼盘，增添了宴席的温馨之情。之后，融合传统鲁菜葱烧海参、灵芝老鸭煲，使家宴得到了升华，而“孔府一品酱烧牛肋排”“水晶虾仁”等创新鲁菜的增加，把一个传统的厚重话题平添了时代气息与审美情趣，给宴席注入了无限活力。在宴席菜单的设计上突出了孔府菜与其他风味鲁菜的有机结合，一个由“满园春色”的大花拼盘携领一组冷菜围碟，构成了丰富多样的宴席特色。传统的八仙过海闹罗汉、孔府一品白菜等菜肴搭配传统鲁菜的葱烧海参，以及孔府一品酱烧牛肋排、灵芝老鸭煲、水晶虾仁、圣府书香等创新菜肴，构筑成了别有情趣的孔府家宴。

图4-14　舜耕孔府家宴席面

二、精选菜品

1. 孔府一品白菜

孔府一品白菜，是一款融传统与创新有机结合的美味。用“一品”命名的菜肴，在孔府有许多，但能把普通的白菜制作成“一品”菜肴，令人不可思议。但运用孔府的“三套汤”，选用优质白菜的嫩叶的颈部，用刀剞成牡丹花的叶瓣，再用鸡泥蒸成的底上嵌摆成花形，其精美优雅的程度足可令人难以忘怀，加之汤汁的鲜美，位餐暖汤盅的盛装，彰显孔府菜的优雅、精致的风格，如图4-15所示。

图4-15　孔府一品白菜

2. 孔府一品酱烧牛肋排

孔府一品酱烧牛肋排，又名“孔府一品烧牛肉”，是一道创新孔府菜，此菜曾成为青岛上合峰会国宴上的一道主打菜品，赢得了国内外国家领导人的称赞。此菜融中西复合口味，选用上乘的优质牛肋排，经过低温慢火烧制而成，具有红亮醇美、柔软滑口、肉质细嫩等特点，如图4-16所示。

3. 葱烧海参

葱烧海参是鲁菜最有代表性的菜肴之一，但舜耕孔府家宴中的葱烧海参一改传统单个刺参或改刀葱烧的技法，而是运用大型的进口带刺海参，整条烧制，褐色与红亮的颜色视觉形象，给人不同凡响的感觉，使宴席显得格外丰典大气有品位，如图4-17所示。

4. 孔府烤乳猪

孔府烤乳猪是传统的孔府菜代表作品之一，它传承的是我国传统的叉烤技艺。传统的孔府烤乳猪由于制作耗时费工，旧时孔府中制作也比较少，只有在突显烧烤宴席的特别情况下才能制作。一只传统的孔府烤乳猪需要一个厨师忙碌两天才能够完成。上桌时需要搭配甜面酱、面饼及其时蔬段，片批成片后可以用饼搭配时蔬、酱卷而食之，如图4-18所示。

5. 水晶虾仁

水晶虾仁是一款创新菜肴，它运用分子烹饪中的胶质蛋白的结晶特点，把

图4-16　孔府一品酱烧牛肋排

图4-17　葱烧海参

新鲜的虾仁融入胶冻中，冷却后呈现晶莹剔透、虾仁红亮的特色。与传统鲁菜中一款清炒的“水晶虾仁”完全不同，如图4-19所示。

6. 圣府书香

圣府书香是一款创新意境的孔府菜肴，采用面食与菜食搭配的方式，将传统的孔府煎饼与特色的玉堂酱菜融合一肴，在造型上借用毛笔书写的形象，创造一个书香的意境，成为创新孔府美食的典范，如图4-20所示。

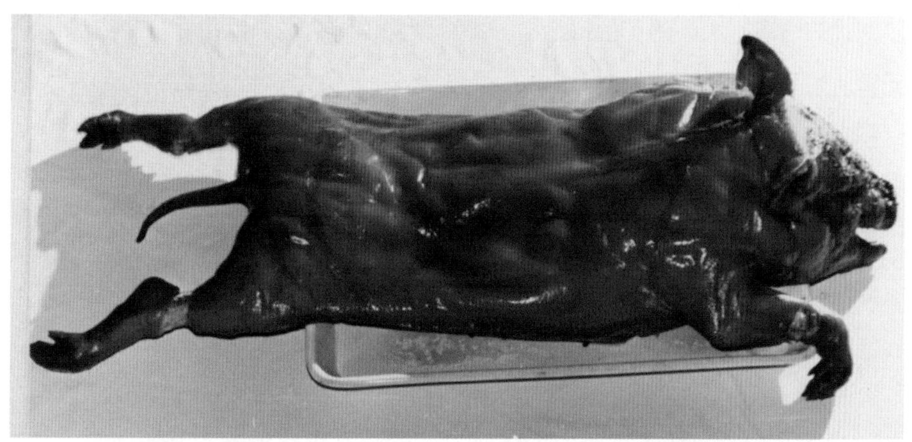

图4-18 孔府烤乳猪

图4-19 水晶虾仁

图4-20 圣府书香

7. 灵芝老鸭煲

灵芝老鸭煲是一道针对中老年人设计的养生菜肴，特别适合于家宴老年人的需求。泰山出产的老灵芝搭配老雄鸭，是滋阴补益的最佳之选。而灵芝的名贵使宴席的品位得到了很大的提高，如图4-21所示。

8. 满园春色

传统的孔府家宴中一般没有时尚的花色拼盘，但从时代审美的视角，舜耕孔府家宴在设计中将一个时尚的“满园春色”放置宴席中，使传统的家宴富有了时代的气息。大型的花色拼盘与一组冷菜围碟组合成为舜耕孔府家宴的创新元素，如图4-22所示。

图4-21 灵芝老鸭煲

图4-22 满园春色

第三节 阙里孔府宴

阙里孔府宴是由山东曲阜阙里宾舍集体创意设计的具有深厚儒家“礼仪”文化根基的主题文化宴席。阙里宾舍是山东省历史久远的具有儒家文化特色的主题酒店。酒店自20世纪90年代建成营业后，成为外事旅游部门对外接待外宾的窗口，坚持以弘扬、传播儒家文化，经营孔府菜和孔府宴席为主，具有长期制作传统孔府宴席的基础。孔府烹饪技艺国家级非遗传承人彭文玉大师的几个高徒都在阙里宾舍服务，具有传承孔府宴席文化的雄厚力量。“阙里孔府宴”就是其中具有代表意义的传统孔府宴席，阙里孔府宴席面如图4-23所示。

图4-23 阙里孔府宴席面

一、文化创意

孔子认为“礼”是社会的最高规范，宴饮之礼是“礼”的基本表现形式之一。阙里孔府宴就是在以“礼”为核心背景下设计的一桌孔府宴席。整个宴席菜品丰富，礼节周全，程式严谨，是中国孔府宴席的典范。同时，阙里孔府宴在设计上，还吸取了全国各地的烹调技艺及精品菜肴融合形成的。民国以前，孔府的内眷大多是来自全国各地的官宦世家，都是大家闺秀，她们常从娘家带着厨师到孔府来，把全国各地的烹饪技艺也带到了孔府。经过数百年来的积累发展，孔府宴得到了全面的提升。选料日益严格，制作越加精细，在以北方菜为基础的前提下，不断充实创新而逐渐发展形成的一种独具风味的家宴系列。孔府菜现在已经是山东菜系的重要组成部分，是中国封建社会官府饮宴文化的代表。阙里孔府宴完美体现了孔子倡导的“食不厌精，脍不厌细”的饮食理念和以“礼”为核心的食礼文化。

阙里孔府宴在菜肴设计上，保持传统规制，预席部分包括四冷碟、四点心、四干果、四蜜饯、四鲜果等食品。一座首汤为“一品银耳羹”，以润滑柔和开拓客人的味蕾。大件菜肴“什锦葵花干贝”，是传统的孔府菜肴，一组行件菜肴包括羊肉双如意、牡丹鱼片、孔府烤牌子、云钩丝瓜、莲蓬豆腐、柿柿如意等，有新旧融合的特点。一组传统的孔府点心，包括菊花酥、佛手酥、荷花酥等再现昔日孔府的糕点之美。传统菜肴与新品孔府菜相结合而陆续登场，不失体验孔府宴席文化的典型代表。

二、精选菜品

1. 孔府烤牌子

烤牌子是孔府传统名菜之一，主要是用猪硬肋带皮肉经过处理、入味、水煮、炭烤而成，具有皮面金黄酥脆、肉面细腻丰腴，配蘸不同的酱味汁，别有风味。把烤好的肉排用刀沿肋骨从中间片成两块，带骨者码在盘底，带皮者改成5厘米长、2厘米宽的骨牌块，皮朝上码在盘中，似骨牌形状，故名。上桌时带葱白段、甜面酱、萝卜条、蒸饼佐食，如图4-24所示。

2. 牡丹鱼片

牡丹鱼片是一道创新孔府菜，是将新鲜的鱼肉制作成为泥蓉，加入调味品搅打成肉馅，然后在平盘内抹成牡丹花瓣的形状，在蒸锅蒸熟，取出在绿色的菜叶铺底的盘内摆成牡丹花的形状，用黄色的鸡蛋皮装饰为花芯，浇上清汁即成。牡丹鱼片虽然是创新孔府菜，但技法却是传统的泥料工艺。此菜造型优美，形色逼真，是宴席中的佳品，如图4-25所示。

3. 羊肉双如意

羊肉双如意是一道创新的孔府冷食的菜肴，用酱制的羊肉改刀摆成如意的中段，用鸡料

图4-24　孔府烤牌子

图4-25　牡丹鱼片

子蒸制的云纹肉卷，改刀后摆在两端，成为如意的形状，具有良好的造型与美好的寓意，如图4-26所示。

4. 莲蓬豆腐

莲蓬豆腐是孔府的传统菜肴，把豆腐碾压成为豆腐泥，经调味搅拌后按制成莲蓬形状，用青绿色的豌豆嵌入成为完整的莲蓬，形象逼真，色味俱佳，如图4-27所示。

5. 柿柿如意

柿柿如意是孔府宴席的一道创新点心，用发酵面团包上不同口味的馅心，制作成为柿子的形象，取“事事”与“柿柿”的谐音，加上“如意”的寓意，故名柿柿如意，是一款颜值颇高、味道美好的宴席点心，如图4-28所示。

6. 什锦葵花干贝

什锦葵花干贝是孔府菜中的一款工艺讲究的菜品，主料干贝，配有水发海参、水发鱼肚、水发冬菇、水发海米等什锦原料，用鸡料子在盘内抹成丘陵

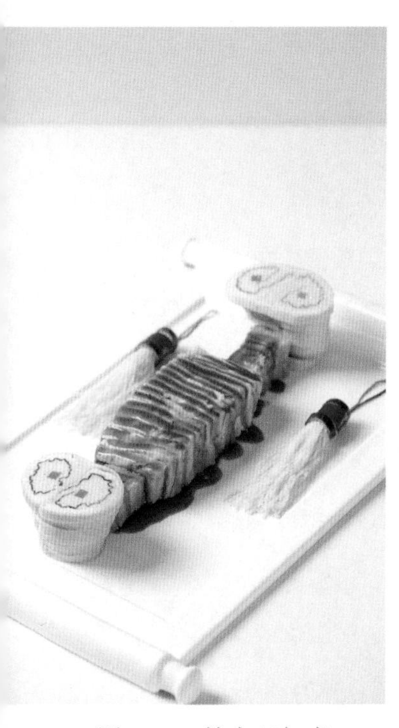

图4-26 羊肉双如意

图4-27 莲蓬豆腐

图4-28 柿柿如意

图4-29　什锦葵花干贝

图4-30　云钩丝瓜

形状，然后把干贝镶嵌在上面，成为向日葵的形态，故名葵花干贝。相传第七十五代孙“衍圣公”孔祥珂原配夫人彭氏婚后两年无子，加之对花的喜爱，内厨为投其所好，研制出此菜，寓意早日开花结果。正常上席多指前程似锦之意。成菜具有形似葵花、色泽艳丽、清淡爽口、鲜美味醇的特点，如图4-29所示。

7. 云钩丝瓜

这是一款用鸡料子制作的造型菜肴，用丝瓜青绿的外皮，酿入鸡料子，做出云钩的形状，蒸熟后切成薄片，再拼摆镶嵌于用什锦料做成的丘型覆盖表面，成为造型独特的云钩丘形码面菜肴，具有很高的审美意象与工艺之美的特色，为宴席中上品之选，如图4-30所示。

8. 菊花酥、佛手酥、荷花酥

这里展示的是一组传统的孔府酥点。虽然都是酥点，但风味各不相同。菊花酥为炸制酥点，用鸡蛋面制成菊花花瓣，油炸而成，金黄酥脆，形似菊花；佛手酥为包裹馅料，制成佛手造型，入烤箱烤制而成，外酥内嫩，造型优美，且寓意美好；荷花酥为折叠暗酥包裹馅料，用刀切成荷花瓣的形状，经热油冲炸后，层层起酥，犹如荷花的绽放，如图4-31～图4-34所示。

图4-31　宴席台面一角

图4-32　菊花酥

图4-33　佛手酥

图4-34　荷花酥

第四节　孔府家宴

孔府家宴是由曲阜市政德教育培训有限公司设计展出的孔府饮食文化主题宴席。该培训机构长期以来以培训孔府菜技艺和企业礼仪训练为主，是一家具有丰富孔府宴席制作经验的企业。孔府家宴在旧时的孔府是运用最多的宴席之一，其形式、规格也是多种多样，具有灵活多变、应对随意的特点。政德教育所设计的孔府家宴是以孔府高摆件为特色，将预席中的干果、鲜果等通过高摆件的形式展现出来，再现孔府家宴的大气与豪放风格。孔府家宴席面如图4-35所示。

图4-35　孔府家宴席面

一、文化创意

政德教育的孔府家宴是一个以展示台面为主的孔府饮食文化主题宴席，因此在设计上更加注重宴席的仪式感和视觉审美。宴席采用高摆的形式，如干果粘塑的高摆、鲜果堆砌的高摆等。菜肴则由四组对称的四汤盅构成，由四扣碗、四汤碗、四蒸碗等组成，给人以丰富多彩的感官体验。其他菜品色多采用普通常见原料设计而成，紧扣家宴的主题，是一个为广大普通客人设计的孔府宴席体验产品，具有很好的推广性。孔府家宴在菜单的设计上，则是传统菜品与创新菜品并举，既可展示孔府家宴的传统之美，又不失孔府家宴的时尚性与应用性。预席食品之外，菜品包括四冷拼、四扣碗、四汤盅、四蒸碗等家宴常见组合，然后是一组包括带子上朝、一品菊花锅、阳关三叠、八宝葫芦鸭、麒麟御书、八仙过海闹罗汉、凤还巢等孔府代表性菜肴。所用点心也是四味，突出了孔府家宴的特色。

二、精选菜品

1. 凤还巢

凤还巢是一个创新的意境类孔府菜肴，用酥脆的面条造型塑造鸟巢的形象，把制作的卵圆形菜肴置于其中，突出菜肴的象征和寓意之美，精致典雅。如图4-36所示。

2. 麒麟御书

麒麟御书是一道融合现代烹饪技艺创新而成的新孔府菜肴，将带鳞的鱼块油炸成略微卷曲的形状，类似书页卷起的样子，再搭配图书造型的点心，摆成高低错落的形态，整体造型美观，具有浓郁的书卷之气，不失为一种崭新的表现形式，如图4-37所示。

3. 孔府一品锅

孔府一品锅是旧时孔府内的传统名菜和大件菜之一，由众多珍贵食材融合于一体，象征阖家团圆之意。旧时孔府的一品锅是由特制的水火餐具为之，现在则用不同的新式加热餐具替代，并在煲锅内拼摆成不同的图案，大气优雅，尤其可以彰显孔府菜的与时俱进的特征，如图4-38所示。

图4-36　凤还巢

图4-37　麒麟御书

图4-38　孔府一品锅

4．曲阜十大碗

曲阜十大碗是鲁西南地区民间广泛流行的宴席菜肴搭配规制，孔府旧时的家宴也遵循当地民间的习俗。政德教育孔府家宴的设计就突出了孔府家宴与地方民俗文化的融合，有蒸碗菜肴、扣碗菜肴等。而曲阜十大碗则是大件菜肴跟随的行件菜肴，有时也可以单独以“十大碗”宴请客人，具有特色的地方民俗风情，如图4-39所示。

图4-39　曲阜十大碗

第五节　孔府寿宴

孔府寿宴是由山东曲阜春秋大酒店设计制作的。在旧时的孔府，“衍圣公”及其在世的祖母、母亲举行的寿宴也称“千秋宴”，是仅次于皇室里举办的“万寿宴”。由于生日人人年年都要过，因此寿宴是在孔府里举办的频率最高的家庭宴席之一，孔府寿宴席面如图4-40所示。

图4-40　孔府寿宴席面

一、文化创意

“福禄寿禧”一般是指对人的祝福代表健康长命、幸福快乐和吉祥如意的意思。传统的孔府寿宴在旧时的孔府非常讲究，而且等级不同，最高等级的是“衍圣公”夫妇或者其母亲的大寿，也称为“千秋宴”。有高摆件的“燕菜四大件”，又称“高摆宴”。其他依据在孔府内的亲疏关系和辈分、年龄等享受相应的寿宴。寿宴的意义不言而喻，有祝福寿绵长之意，也有亲睦家庭关系之意，也有尊老养老之意，还有表达人生意义的仪式感等。而现在设计的孔府寿宴，则是把昔日官府才能享受到的饮食体验，变成表达对百姓生命意义的关注、对美满生活的向往、对自身社会价值的追求等，赋予孔府寿宴新时代的意义。抽象一点说，代表的是百姓的一种幸福观。

孔府寿宴在菜单设计上，保持了传统的四冷拼、四押桌、四干果、四点心、四鲜果的规制。热菜以孔府三套汤见长，包括孔府一品鸡、鲍汁白玉、积善之家、一品寿桃等。

二、精选菜品

1. 八宝布袋鸡

八宝布袋鸡无论在孔府菜中，还是传统鲁菜中，都以复杂的工艺见长。用整鸡出骨技艺，在保持鸡皮完整的同时，剔除鸡肉内的骨头，再在鸡内酿入八宝馅料，要保持鸡的完整形态。然后蒸制成熟，冲入孔府制作的高汤而成。菜肴具有料丰汤靓、味道鲜爽、造型优美、珍味合一的特点，为孔府宴席中的大件菜肴，如图4-41所示。

图4-41　八宝布袋鸡

2. 一品豆腐

据传说“一品豆腐”是孔府明代洪武二年（1369年）“衍圣公”受封“一品”官位开始的。自此以后，孔府的宴席中就有了用“一品”命名的菜品。一品豆腐原是选用孔府“豆腐户”所专门制作的13厘米见方的整块豆腐，加多种配料㸆制而成。后来经过改进也有的在豆腐中酿入八宝馅料等。传统的“一品豆腐”以整块的豆腐为肴，豪放、大气、排场，一改豆腐不登华宴的规矩，成为孔府一道风味独到的菜肴。而现在改进为小方块、酿入八宝馅料，汤盅各吃分位，再冲入孔府三套汤，使一味普通的豆腐成为名贵之品，如图4-42所示。

3. 孔府八珍盅

孔府八珍盅是传统孔府菜采用的大件菜品之一。与“孔府一品锅”不同的是，本菜品融合八珍食材，配用孔府特有的三套汤烧煨而成。有合餐、位餐两种专用的餐具。后世厨师为了展示孔府八珍盅的特殊地位时，则采用讲究的名贵陶瓷汤盅等餐具，以显示孔府高雅豪放的烹饪品格，如图4-43所示。

4. 阳关三叠

阳关三叠是运用传统鲁菜料子技艺，采用鸡的里脊肉制作成为鸡料子，然后在鸡蛋皮上抹成三层，每一层之间用紫菜隔开，入锅内煎制而成，盛出后用

图4-42　一品豆腐

图4-43 孔府八珍盅

图4-44 阳关三叠

刀切成长方条，摆盘即成。成菜外皮金黄色，刀口处呈现两格三层状态，寓意阳关三叠的意境，如图4-44所示。

5. 孔府烤牌子

孔府烤牌子是孔府传统的名菜品之一，因其形状类似古代官员上朝时向皇帝汇报工作用的牌子，也称“笏板”，故名烤牌子。该菜使用精选的里脊肉经过腌渍入味，切成稍厚的大肉片，挂拍粉拖蛋糊，放入油锅中炸至嫩红色至熟，捞出控净油，切成长条，摆入盘中即成，外带花椒盐蘸食，图4-45所示。

6. 毛笔酥

毛笔酥是一道新创意的孔府点心，实际上是运用孔府传统酥点制作技艺，将两种颜色的酥油面团分别制作成为毛笔笔杆与毛笔头，组合起来成为毛笔的形象，寓意礼仪、文章传家的孔府是一个蕴含深厚传统文化底蕴的府邸。以毛笔的形象传递给人一种文人雅士饮宴的意境，不失是一种良好的创意，如图4-46所示。

图4-45　孔府烤牌子

图4-46　毛笔酥

第五章 创意孔府宴席

所谓创意孔府宴席，是指在传统孔府宴席文化的基础上，充分运用孔子饮食观念、儒家饮食文化思想及孔府饮食文化元素，对孔府宴席的菜品设计和台面美化，都赋予了时代气息与当代风采。使孔府宴席不仅成为具有传承传统孔府饮食文化的最好载体，而且更具有时代的审美特征，能够成为当代人们消费的首选。孔府创意宴席的关键点不是创新，也不是创造发明，而是运用已经存在的孔府菜肴、面点、餐具等实物，结合孔府饮食文化与时尚的审美元素，设计能够表达某种文化主题和意境的宴席，起到使一桌宴席能够表达孔府饮食文化的主题意义。下面遴选的几例创意孔府宴席，具有一定的代表性，或是能够为未来孔府宴席的创意发展方向提供一定的参考。

第一节　蓝海孔府宴

蓝海孔府宴是由山东蓝海酒店集团运用传统孔府宴席文化元素设计的具有经营意义的孔府饮食文化主题宴席。山东蓝海酒店集团是目前山东省内品牌影响力最强、餐饮经营规模最大、企业发展势头最猛的大型酒店集团企业。该酒店企业所拥有的菜品研发水平在国内餐饮界堪称一流，在孔府美食节的展会上所展示的孔府宴席设计水平，足可以窥见一斑。山东蓝海酒店集团早在20世纪末已经开始关注孔府菜和孔府宴的品牌效用，并在一段时间内推出过孔府宴席，曾经得到了广大顾客的好评。进入新世纪以来，山东蓝海酒店集团的高层和产品研发部门对孔府宴席都给予了高度关注，并陆续推出系列与时代消费需求相吻合的孔府文化主题宴席，蓝海孔府宴席面如图5-1所示。

一、文化创意

蓝海孔府宴的设计理念，是围绕中国儒家文化、孔府饮食文化及相应的历史文化背景和文人逸事等典故传说经过精心提炼，结合创意性菜品的展示方式，融合蓝海菜品文化创新理念而成，紧跟时代潮流，再现孔府经典菜点。如“创意虫草带子上朝”菜肴，就

图5-1　蓝海孔府宴席面

是在传统孔府菜“带子上朝”的基础上，巧妙地搭配冬虫夏草而成，既有传统背景，又有创新意识，而且富有时代气息，体现了蓝海企业的创新精神。又如“孔府一品海皇豆腐”也是如此，“一品豆腐”是孔府名菜之一，久负盛名，但用料上略显简单，于是搭配海产的蟹黄，不仅营养搭配上趋于合理，而且在形态上更加和谐，在口味上也丰富臻美，其菜肴的品质在整体上得到了提升。总之，蓝海孔府宴的推出，展示了孔府饮食文化发展的新风向，具有标志性的引导意义。蓝海孔府宴在菜单设计上，除了常规的规制如四冷荤、四干果等之外，特别重视主题菜品的时尚性与实用性，宴席中搭配了包括孔府一品海皇豆腐、玉环桂花酿银杏、创意虫草带子上朝、秋色锦绣满园、富贵元宝红烧肉、绣球鸡汤如意面、荷塘莲蓬如意藕、鸿运鲜味蟹足棒、花椒时令鲜口蘑、花开富贵脆皮卷、金蒜贺丰年、锦鲤戏虾脑牡丹、晶莹剔透蓝宝石、秋香硕果黄金橘、松茸烧枣汁雪花牛肉等系列创新创意菜肴，令人耳目一新。

二、精选菜品

1. 孔府一品海皇豆腐

孔府一品海皇豆腐是在传统“孔府一品豆腐”的基础上创意而成，并将原料的大块豆腐改进为一人份的汤盅盛装，应用孔府三套汤，搭配鲜美红亮的海产蟹黄，使菜肴更加精美大气，充满了新时代的气息，如图5-2所示。

图5-2　孔府一品海皇豆腐

图5-3　玉环桂花酿银杏

图5-4　富贵元宝红烧肉

2. 玉环桂花酿银杏

银杏菜肴，在孔府菜中有独到的文化底蕴。玉环桂花酿银杏则突破传统“诗礼银杏”的定规，将白萝卜制作成为玉环，嵌入银杏，用蜂蜜加桂花酱熬制入味而成。菜肴色彩艳丽、口味细腻隽美，别有一番风味，如图5-3所示。

3. 富贵元宝红烧肉

富贵元宝红烧肉是在传统红烧肉的基础上创意而成。大块的红烧肉未免给人以油腻之感，但搭配豆腐和蔬菜加工的底座，再放置小块的红烧肉，每位一份，不仅体现了营养荤素搭配合理的观念，而且尤其显得精致优雅，充分体现了孔府菜“食不厌精”的宗旨，如图5-4所示。

4. 金汤绣球

金汤绣球是一道新品孔府菜，用孔府三套汤加入藏红花汁调制成为金红色的汤汁，新鲜的鱿鱼剞上多十字花刀，过水卷曲成为半绣球形状，置于精美小汤盘内，浇上汤汁，形色优美，味道鲜香，如图5-5所示。

图5-5　金汤绣球

图5-6　秋色锦绣满园

图5-7　穗穗平安

5. 花色冷拼盘一组

图5-6和图5-7所展示的是蓝海孔府宴中的一组花色冷菜拼盘，主盘是秋色锦绣满园，然后包括“穗穗平安”等四个围碟，构成了宴席的凉菜部分。整组冷菜高雅大气、色彩艳丽，食材搭配合理，彰显了孔府宴席的尊贵优雅之美。

6. 宴席点心一组

秋香硕果黄金橘和晶莹剔透蓝宝石是蓝海孔府宴中的一组点心。金黄灿灿的秋香硕果黄金橘类似前文的“柿柿如意”技艺，制作成为金橘的形象，有着美好的寓意。晶莹剔透的蓝宝石则运用纸皮包子技术，用透明的外皮包裹翠绿色的馅料，呈现晶莹剔透的别致，如图5-8、图5-9所示。

7. 荷塘莲蓬如意藕

荷塘莲蓬如意藕是一道唯美色彩浓厚的创新菜肴，运用白嫩脆爽的莲藕，配合巧妙的刀工处理，成为莲蓬与如意搭配的造型，色泽艳丽，造型优雅，令人产生爱不释手、不忍下箸的感觉，如图5-10所示。

图5-8　秋香硕果黄金橘

图5-9　晶莹剔透蓝宝石

8．松茸烧枣汁雪花牛肉

在创新菜品中，雪花牛肉的烹饪方法有很多，“松茸烧枣汁雪花牛肉”则是别出心裁，运用松茸和枣汁为基础味，将雪花牛肉入味烧制，外层红亮馥郁，内部微红细嫩，是一款不可多得的宴席佳品，如图5-11所示。

9．花开富贵脆皮卷

细嫩的鸡肉泥料加工成为细长的圆柱形，在外面挂上脆皮糊炸制而成，外皮金黄酥脆，内里细腻滑润。竖立摆放盘内，顶端用抹茶点缀，寓意花开福贵之意，如图5-12所示。

图5-10　荷塘莲蓬如意藕

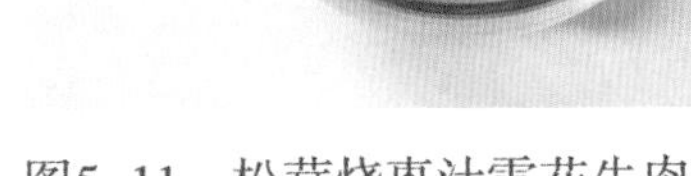

图5-11　松茸烧枣汁雪花牛肉

图5-12　花开富贵脆皮卷

第二节　儒风雅韵牡丹宴

儒风雅韵牡丹宴是由山东菏泽东方儒家天宏酒店设计制作的大型儒家文化主题宴席，具有时尚审美亮丽、场面宏大雄浑的特点。东方儒家天宏酒店是济宁东方儒家酒店集团与菏泽天宏酒店联合经营的一家主题文化酒店。酒店根据菏泽最负盛名的牡丹文化与儒家文化融合创意，将宴席的设计、菜品的搭配完全置于牡丹文化与儒家文化的表达氛围中，使整个主题宴席很好地展现了文化融合和创意品牌的引领风尚，儒风雅韵牡丹宴席面如图5-13所示。

一、文化创意

菏泽是我国盛产牡丹的地方，素有牡丹之乡、书画之乡、戏曲之乡、武术之乡之称。这里历史人文景观灿烂，文化源远流长，唐尧、大禹、伊尹、范蠡、曹植等在这里留下了较多的遗迹。对于餐饮业的发展，如何让餐饮业赋予文化内涵，文化主题宴席究竟如何因时、因事、因地制宜地进行打造，突破现有观念，拉动消费需求，东方儒家天宏酒店根据菏泽地区人文风情，充分挖掘、收

图5-13 儒风雅韵牡丹宴席面

集、整理与酒店文化主题相对应的资料。从而研发、整理出一套完整的儒风雅韵牡丹宴服务流程，打造出具有文化内涵又能代表菏泽的一桌文化主题宴会。

儒家文化历史悠长，牡丹文化源远流长。儒风雅韵牡丹宴，冠压群芳，是鲁菜的新派代表，烹调技艺精湛，浸润了千年儒家文化。儒风雅韵牡丹宴具有几千年儒家饮食文化和独具特色的牡丹文化，结合了牡丹的九大色系、十大花型，呼应多款菜品，结合现代饮食理念的要求，精选用牡丹籽油烹制，少油少盐，更加营养健康。精致可口，美味典雅，其色、香、味、形、名、料俱佳。菜品选料严谨、制作精细、追求本味、清鲜平和。宴席制作以顶尖的烹饪技艺为支撑，以上乘的菜品特色为号召，以妙契众口为追求，雅俗共赏。儒风雅韵牡丹宴菜品南北风味兼融，味道中庸平和，菜名典雅有趣。儒风雅韵牡丹宴将人类的饮食活动与传统的华夏文化进行有机地结合，兼具精湛的烹饪艺术与浑厚的中华文化。

儒风雅韵牡丹宴的菜单设计充满了诗情画意，每一道菜肴都有其独到的语义表达，宴席菜单如下。

前调——凉菜：牡丹国色冠群芳（冷菜拼盘）

菁华——点心：儒雅天香粉中冠（牡丹花糕）

行吟——主菜：雅书中庸白鹤羽（牡丹燕菜）

韵声妙音红蔷薇（丹皮牛排）

风雨墨香绣桃花（牡丹虾片）

牡菊翡翠春波绿（菊花鳜鱼）

悠韵——汤菜：丹景诗礼丛中笑（开水白菜）

幽香——主食：宴礼圣贤玉姚黄（牡丹什香面）

佟曲——水果：国色天香醉胭脂（时令水果）

儒风雅韵牡丹宴还设计了一套完整的宴席起菜仪式，包括每一个菜品品尝之前有解说人员朗诵诗句引入的场景，将孔府诗礼传家的文化蕴涵融合到一桌宴席之中，使客人在享受美食的同时能够体验到儒家文化的深厚与孔府诗礼传家的文化传承，堪称孔府饮食文化主题宴席设计的上乘之作。

二、菜品精选

1. 牡丹国色冠群芳

儒风雅韵牡丹宴首先让客人品尝的是餐前凉菜，此菜称为“牡丹国色冠群芳（冷菜拼盘）”，各种色彩斑斓的食材组合成一款四种口味的冷菜拼盘，佐酒佳肴，清爽可口。尤其是各客的设计，令客人倍感无上的尊贵意境，如图5-14所示。

2. 儒雅天香粉中冠

孔府宴席点心的应用可谓特色独到，丰富多样的点心品质美不胜收。儒风雅韵牡丹宴的餐前点心，叫作“儒雅天香粉中冠（牡丹花糕）”，是精选鲜嫩的牡丹花做的小点心，令人赏心悦目，口味清香，如图5-15所示。

3. 雅书中庸白鹤羽

儒风雅韵牡丹宴的第一道菜品是“雅书中庸白鹤羽（牡丹燕菜）”，菜肴上桌之前，有“闻得有绵驹善歌，雅俗共赏，中庸之道，天人合一。”的诵读引客人进入体验意境。此菜精选八种各色的食材，加上白色官燕，用老鸡清汤蒸制而成，各种原料合在一起，相互渗透，达到中庸味道，汤鲜味醇、口感适宜，燕窝更是美容养颜、营养丰富，如图5-16所示。

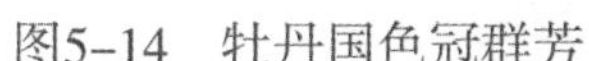
图5-14　牡丹国色冠群芳

图5-15　儒雅天香粉中冠

4. 风雨墨香绣桃花

儒风雅韵牡丹宴的第三道菜品是“风雨墨香绣桃花（牡丹虾片）”，优美的菜肴造型给人以“满腹书墨香，落笔惊风雨”的意境。此菜精选深海大虾，经过牡丹花茶、花雕酒、话梅、辣根等调制味汁，口感爽脆可口，清香四溢，开胃留香，回味无穷，如图5-17所示。

图5-16　雅书中庸白鹤羽

图5-17　风雨墨香绣桃花

图5-18　牡菊翡翠春波绿

图5-19　宴礼圣贤玉姚黄

5. 牡菊翡翠春波绿

儒风雅韵牡丹宴的第四道菜品是“牡菊翡翠春波绿（菊花鳜鱼）”。此菜选用桂花鱼，经过千刀万琢，再用牡丹籽油炸制成菊花，放在翡翠绿色的甜蜜豆上制作而成，软糯入味，口味适中，老少皆宜，如图5-18所示。

6. 宴礼圣贤玉姚黄

儒风雅韵牡丹宴的主食是“宴礼圣贤玉姚黄（牡丹什香面）”，四种颜色来自于四种牡丹花，用传统手工工艺擀制，色泽亮丽，再根据自己的口味拌入各种调味作料，味道丰富多彩，口味回味无穷。再加上12寸的大碗与清爽淡雅的汤色，品味之前的配诗“落尽残红始吐芳，佳名唤作百花王；宴礼圣贤玉芙蓉，独立人间第一香。”会给客人留下深刻的印象，如图5-19所示。

第三节　孔府诗礼宴

孔府诗礼宴是由东方儒家丹枫宾舍研究开发推出的孔府文化主题宴席。孔府素有“诗礼传家”的美誉，结合诗与礼在宴席文化的融合，再现了孔府诗书礼仪文化在饮宴活动的体验场景。孔庙内有历史久远的“诗礼堂”，是当年孔子教育儿子孔鲤“学诗习礼”的地方，也就是古人的所谓“厅训”。孔府诗礼宴以此为文化背景设计而成，孔府诗礼宴台面如图5-20所示。

图5-20　孔府诗礼宴台面

一、文化创意

所谓文化创意，是在饮宴活动中打造一种新旧融合的表现形式，类似建筑装修设计中的“新中式”。孔府诗礼宴席将传统孔府菜与创新孔府菜巧妙相结合，以分餐与合餐的形式展现中西文化的融合，既彰显孔府传统宴饮的礼仪节俗，又不失新时代的生活美学呈现。关键的问题是，宴席菜肴无不充满诗意，一菜一诗，听来饶有情趣，每道菜品配有一首藏头诗，菜品的名字藏于诗中，让宾客在用餐过程中更深刻地理解儒家文化的博大精深。一道菜点有一道菜点的礼仪规矩，不可错乱，讲究传统的饮宴规制中的礼仪习俗，使客人在饮宴的过程中体验孔府礼仪文化的温馨与程式。

孔府诗礼宴在菜单设计上则有四拼盘的冷菜，四押桌的点心等。热菜则有芙蓉干贝盅、御笔参翅、烤花揽鳜鱼、麒麟御书、一品豆腐箱、诗礼银杏、尼山踏青、苹果酥等品类。既有传统孔府菜如烤花揽鳜鱼、诗礼银杏等，又有麒麟御书、尼山踏青等创新孔府菜。

二、精选菜品

1. 御笔参翅

御笔参翅的菜肴创意，是在传统孔府菜“御笔猴头”的基础上发展而来。据传说孔府菜中“御笔”菜肴的命名起源于乾隆皇帝下嫁女儿给“衍圣公”的桥段。皇家陪嫁的礼品都是宫中的精品，如紫檀雕刻的多宝阁、十六尊者座屏、百鹿尊、天球瓶、碧玉阁仙山、书画及龙凤衣等，其中的文房四宝，有御用笔架等物品。孔府内厨以此研制出“御笔猴头”的高档菜品，传承至今。御笔参翅的技艺与御笔猴头相同，只是把猴头的原料更换为海参和鱼翅。以烧制好的海参作毛笔的笔杆，用人造的鱼翅作毛笔的笔头，巧妙的组合使菜肴高贵大气，如图5-21所示。

2. 烤花揽鳜鱼

烤花揽鳜鱼是孔府内一道著名的菜肴。鳜鱼，又名季花鱼，是我国特产名贵淡水鱼，具有鳞微骨疏刺少、肉质鲜嫩的特点。鳜鱼，是孔府菜中的上品，烹制方法多种多样，各有特色。由于鳜鱼谐“贵余”之音，寓“富贵有余”之意，所以历代孔府几乎每逢喜庆宴会，鳜鱼佳肴必登宴席。孔府的烤花揽鳜鱼是运用孔府特有的白烤技法，在鱼体外包裹猪的网油和面皮，烤制成熟后能够很好地保留鳜鱼的原汁原味。现在在表现形式上有了更进一步的审美创新，如图5-22所示。

图5-21　御笔参翅

图5-22　烤花揽鳜鱼

3. 麒麟御书

麒麟御书的创新菜肴，在第四章有介绍。但在孔府诗礼宴的运用中，设计者将合餐的麒麟御书改成了每人一份的位餐，使菜肴更加显示出精致华贵的气质，如图5-23所示。

4. 诗礼银杏

诗礼银杏是孔府一道历史悠久的名馔，典出孔子教子孔鲤学诗学礼的记载。子曰："不学诗，无以言，不学礼，无以立"。其后裔自称为"诗礼世家"。孔子第五十三代孙"衍圣公"孔治建"诗礼堂"以资纪念。堂前有两株银杏树，苍劲挺拔，果实硕大丰满。此菜主料银杏取之此树，故名。但传统的菜肴为合餐大盘盛装，现今以每人一份的位餐表现，且极富优雅文采，如图5-24所示。

5. 尼山踏青

尼山踏青是一道著名的孔府创新菜肴，用孔府高汤与菜肴翠绿色的菜叶制

图5-23 麒麟御书

图5-24 诗礼银杏

作加工成为一道汤菜，菜面用红色的食品点缀，形成一种图案意境，命名“尼山踏青”，寓意在春意盎然的春天，循迹尼山孔子的诞生地，引发人们的怀古情绪。菜肴清新淡雅，寓意深厚美好，如图5-25所示。

6. 苹果酥

苹果酥是孔府酥点技艺的传承，只是做成苹果的造型。但在表现形式上更富有精致美的特色，高摆的彩瓷小碗，一个鲜艳微红的苹果形象展现给客人，给人以无限的遐想，如图5-26所示。

图5-25　尼山踏青

图5-26　苹果酥

第四节　圣府宴飨

圣府宴飨是由东方儒家龙泉精品酒店经过精心创意而完成的孔府文化主题宴席。本宴席以“宴飨”命名，本身就体现了一种融合、传承、创新孔府饮宴文化的精神，与时代餐饮消费接轨的理念在里面。宴者，饮食天下宾客也；飨者，以美馔佳肴礼仪客人也。其中，既有孔府官府文化的传承，也有普惠天下客的大众文化意识。让昔日只为少数有钱有地位之家服务的孔府宴席，能够为当下广大的民众饮食生活服务是最好的社会责任，圣府宴飨席面如图5-27所示。

图5-27 圣府宴飨席面

一、文化创意

孔府宴席礼节最周全，程式最严谨，规制最讲究，是中国古代官府饮食文化背景宴席的典范。孔府宴讲究仪式，如清朝以来，第一等为招待皇帝和钦差大臣的“满汉席”，又称“满汉大席”，是清代国宴规格。一桌宴席需餐具404件，每件餐具又分两层。全席要上196道菜，有满族的全羊烧烤，汉族的驼蹄、熊掌、猴头、燕窝、鱼翅等，还有全盒、火锅、汤壶等。十个人需整整吃四天，才能将196道菜品尝完。第二等是平时寿日、节日、待客的宴席，菜肴随宴席种类而定。如今开发的“圣府宴飨”是以现在旅游客人为主要对象的孔府宴席种类，其中既有孔府传统饮食文化的礼仪元素，也在菜品设计中考虑到消费水平与环保的理念。尽量精选大众食材，避免使用燕翅一类的传统高档原料。使孔府宴席能够为广大旅游消费者体验孔府饮食文化服务。

圣府宴飨在菜单设计上采用蝶恋花、梅花扇面等图案的一组花色拼盘引领，具有时尚之美的特征。热菜则由孔府八珍汤、八宝布袋鸡、葵花干贝、玉带盘龙等搭配而成，宴席点心则有菊花酥等酥点为之增色。

二、精选菜品

1. 葵花干贝

葵花干贝是孔府菜中的一款工艺讲究的菜品，主料干贝，用鸡料子覆盖抹成丘陵形状，然后把干贝镶嵌在上面，成为向日葵的形态，故名葵花干贝。成菜形似葵花、色泽艳丽，如图5-28所示。

2. 金盅虾片

金盅虾片是一道创新的孔府菜品，把当前较为流行的木瓜去瓤，用花刀从中间分为两半，新鲜的大对虾取肉片成长片，上浆入温油锅中使其卷曲为牡丹花瓣的形状，分别摆放入蒸熟的木瓜盅内，然后浇上少量清汁而成。这是一道造型新颖、营养健康的新孔府菜，如图5-29所示。

图5-28 葵花干贝

图5-29 金盅虾片

图5-30 梅花扇面

3. 花色拼盘冷菜一组

图5-30的“梅花扇面”与图5-31的“蝶恋花”是鲁菜常见的花色拼盘，此处构成了宴席中的一组冷菜组合。花色拼盘冷菜是新时代发展起来的鲁菜技艺，运用到宴席中能够增加宴席的艺术感染力。圣府宴飨把一组花色拼盘置于宴席，使传统的孔府宴拥有了时代的气息和审美情趣，徒使孔府宴席增加光彩。

4. 金瓜酿香菇

金瓜酿香菇是一道造型优美的新孔府菜，运用小巧玲珑的金色小南瓜，取尽瓜瓤，将烧制入味的香菇放入小金瓜中，加上装盘的艺术视觉，把普通的食材打造成为颇具审美情调的美味食馔，如图5-32所示。

5. 孔府八珍汤

孔府八珍汤是一个传统孔府菜，运用孔府著名的三套汤调好底味，精选八种珍贵食材烹饪成熟置于汤盅内，每人一份，精致细腻，充分展示孔府菜的优雅大气。打破了传统孔府八珍汤大汤碗的风格，如图5-33所示。

图5-31　蝶恋花

图5-32　金瓜酿香菇

图5-33　孔府八珍汤

第六章 融合孔府宴席

从时间的节点上看，孔府饮食文化由于历史的局限性，一般是指中华人民共和国成立之前的“衍圣公府”的饮食生活积累的文化遗产。但随着我国旅游产业的发展和弘扬传统文化事业的大力开展，孔府宴席创意发展的空间日益增大，甚至运用到整个儒家文化影响下的范畴。因此，在我国文旅产业推动发展的背景下，孔府宴席的创意发展也以融合包容、兼收并蓄的理念运用到孔府饮食主题宴席的设计层面。于是，出现了与孔府饮食文化、儒家饮食文化密切相关的主题宴席，但其核心还是以食礼为主要文化元素的表达形式。由于这些主题文化宴席不完全是孔府饮食文化主题，但却是在儒家文化背景下延伸发展的主题文化宴席。因此，将它们称为融合孔府宴席。如本章所展示的亚圣公府迎宾宴、儒风运河宴、孔府品味宴、意境孔府宴等。

第一节　亚圣公府迎宾宴

亚圣公府迎宾宴是由山东邹城市亚圣餐饮管理有限公司设计开发的以孟子文化为主题的宴席。亚圣公府迎宾宴席既展现了儒家文化的内涵，又突出表达了孟子饮食文化的特色，是一种具有创新发展理念的餐饮文化产品。

孟府，是孟子嫡系后裔世代生息繁衍与居住生活的地方。历史上，其地位虽然不能够与孔府同日而语，但其影响力也是不可小觑的。孟府历代主人的长期生活积累，也形成了独自的饮食文化体系，其中孟府宴席应运而生，亚圣公府迎宾宴席面如图6-1所示。

一、文化创意

孟府，在山东邹平，是亚圣孟子后代嫡裔长期居住、生活的地方。这里与孔府比较起来，历史地位虽然没有孔府那样的荣耀，但也是古代官方纪念孟子、举行祭祀活动的场所。因而包括孟子后代在此饮食生活的积累，形成了孟府饮食文化，其特点与孔府饮食文化有异曲同工之妙。历史上的孟府，既有孟子后人在此举办过各种民间家宴，也有为了迎迓皇帝、钦差大臣等前来祭祀的迎宾宴席。而现在设计展示的“亚圣公府迎宾宴”，是在传统孟府家宴的基础上，融合多方面的饮宴成果融合而成。具有包罗万象，五彩缤纷的特色，大有集中国宴席文化精华和儒家膳食制作之大成。虽经沧海桑田，朝代更替，但孟府儒家文化的风貌依然可以通过亚圣公府迎宾宴展示出来，成为今天八方来宾体验孟府饮食文化的代表。宴席中设计的菜品膳食，其原料的处理加工、作料添加、食物搭配，无不独具特色，使之形成了邹鲁文化背景下所形成的“孟府菜”的典型代表。

图6-1　亚圣公府迎宾宴席面

“亚圣公府迎宾宴”是盛行上千年的传统饮食文化习俗，历史悠久，风味独特，花样齐全，色、香、味、形俱佳，其制作基础丰厚。每道菜都有讲究，饮食文化底蕴深厚。其席面配菜丰富、制作工艺讲究、菜食名称文雅、开席程序规范，人们凡有重大宴请必设此席招待来宾。亚圣公府迎宾宴在菜品设计上除了颇具孟府特色外，还融合了鲜明的地方民俗文化特征。一组预席菜点包括芥香抹茶糕、红豆山药糕、养生板栗、缤纷石榴包等；大件热菜是孟府一品锅；之后是富有地方特色的四扣碗，包括扣扦子、扣红鱼条、扣千层肉、扣糯米鸡等；然后是四行件的黑蒜翡翠笋、酱烧鸡方、水晶酿鲜虾、菌香酿龙眼等，搭配的特色菜肴还有浩然正气、芙蓉黄管、蝉鸣七篇、金鱼戏莲、菊花斗蟹等；两味席点有亚圣肉松饼、孟府茯苓糕等，充分展示了孟府宴席的规制特征。

二、精选菜品

1. 孟府四扣碗

孟府四扣碗是一组具有邹城地方民俗特色的宴席菜品，包括扣扦子、扣红鱼条、扣千层肉、扣糯米鸡等。旧时民间制作较为粗放，现在用于孟府宴席的制作更加精细，盛器的使用也更加讲究，整体上展示出了亚圣公府迎宾宴的尊贵气派及审美特征，如图6-2、图6-3、图6-4、图6-5所示。

图6-2　扣扦子

图6-3　扣红鱼条

图6-4　扣千层肉

图6-5　扣糯米鸡

图6-6 孟府一品锅

图6-7 浩然正气

2. 孟府一品锅

孟府一品锅的设计避免了与孔府一品锅雷同，采用传统的铜制菊花火锅的器具，精选什锦原料，摆入锅内，给人以精美豪华的感觉。铜制火锅的锦华文饰，尤其使孟府一品锅略显尊贵大气，如图6-6所示。

3. 浩然正气

浩然正气是一道创新的孟府意境菜肴，是将传统气锅鸡的制作方法运用到孟府宴中，并赋予菜肴“浩然正气”的寓意，别出心裁。而气锅鸡的养益滋补功能恰恰又是提供人体所需要的阳刚之气，可谓妙不可言的创意，如图6-7所示。

4. 芙蓉黄管

芙蓉黄管是一道传统鲁菜，讲究刀工的技法运用，最能体现菜肴的工艺之美。雪白的芙蓉蒸底，拼摆黄管酿制的优美造型，堪称鲁菜的经典之作，如图6-8所示。

图6-8　芙蓉黄管

图6-9　金鱼戏莲

图6-10　菊花斗蟹

5. 金鱼戏莲

金鱼戏莲是一道以工艺见长的传统鲁菜。以鸡料子工艺为基础，分别制作成莲蓬、莲叶、金蝉的形象，拼摆于盘内，营造了一个“金鱼戏莲”的意境，享受美食的同时又能够体验寓意美景的陶冶，堪称完美之品，如图6-9所示。

6. 菊花斗蟹

菊花斗蟹是在传统鲁菜“酿百花蟹斗”的基础上改进而成的，制作者把炸制的菊花鱼摆放中间，把酿制的蟹斗围摆四周，形成了一个精美的图案，使菜品新颖且不失传统，如图6-10所示。

7. 蝉鸣七篇

蝉鸣七篇的菜肴寓意非常文雅，其优雅的造型更加增添了该菜品的审美境界。用细腻淡黄色的芙蓉底，拼摆精致制作的七只秋蝉，寓意七只秋蝉在朗读不同的诗篇，中间点缀红绿色的食材搭配，不仅形象美观，色彩的层次感令人难忘，而蝉鸣七篇的寓意尤其可以使客人体验儒家文化的优美，如图6-11所示。

图6-11　蝉鸣七篇

图6-12　亚圣肉松饼

8. 孟府点心一组

亚圣公府迎宾宴中的一组点心，包括亚圣肉松饼和孟府茯苓糕，都是传统的工艺制作，但在表现手法上采用精致的红黑搭配的食盒摆放，充分显示出孟府宴席的优美与雅致，如图6-12所示。

第二节　儒风运河宴

儒风运河宴是由济宁香港大厦在长期的餐饮经营中研究开发的主题文化宴席，在社会服务中取得了优异的经济效益，并获得了良好的社会声誉，成为济宁香港大厦餐饮文化创意品牌的标志。明清京杭大运河，是贯通我国长江南北的交通大动脉，济宁是这个大动脉上的大码头之一。而明清年间的孔府，也是依靠运河的便利在全国各地采买各类大宗物品，其中包括大量的食物材料等。济宁香港大厦以此为文化背景，将大运河文化与儒家文化精神融合起来，通过宴席体验的形式让客人在享受美味的同时感受儒家文化与运河文化的精华，儒风运河宴席面如图6-13所示。

一、文化创意

图6-13　儒风运河宴席面

儒风运河宴的文化创意核心，是创意研发者将儒家饮食思想的理念、孔府饮食文化的精髓与我国古代京杭大运河的商业饮食文化特色相结合而形成的创新宴席形式。宴席设计主要是将济宁本地“任城八景”与南北饮食风俗相融合，在食料选择、菜肴烹饪、糕点制作以及饮食礼仪等诸方面都以精细化为主，不仅体现了孔子思想倡导的“食不厌精，脍不厌细”的饮食理念，也彰显了运河之都包容开放的胸怀。正是四海宾朋汇聚一堂，运河味道美名远扬。

儒风运河宴在菜单设计上充分注重儒家文化背景的菜肴与运河特色的菜肴相融合，包括预席的四冷碟、四干果等。热菜则有一品绣球干贝、八珍汤盅、牡丹鱼翅、御笔参翅、孔府扣碗、烤花揽鳜鱼、满湖飘银、水晶虾仁、八宝石榴包、盐水大虾等。点心则以新的论语酥与孔府贡馓巧妙搭配，体现了儒风运河宴与时俱进的时代风貌。菜品既有孔府传统的“烤花揽鳜鱼”之类，也有富有运河地方特色的“满湖飘银”等，把两者有机地融合在一桌宴席之中，堪称新时代主题文化宴席的典范。

二、精选菜品

1. 牡丹鱼翅

牡丹鱼翅使用暖锅为基础，用滑炒的虾片摆出牡丹花的形状，将少量人造鱼翅放置花芯。整个菜肴美观大方，色彩引人，是华贵宴席上的一道美馔，如图6-14所示。

2. 御笔参翅

御笔参翅是用烧制的海参做成毛笔的笔杆，用人造鱼翅加工成为笔头组合而成，造型形象逼真，使菜品的意境充满了文人雅士舞文弄墨的文化气息，如图6-15所示。

图6-14　牡丹鱼翅

图6-15　御笔参翅

图6-16　孔府扣碗

3. 孔府扣碗

孔府扣碗的制作实际上与曲阜民间宴席的菜肴制作一脉相承，但传统的扣碗都是用大碗盛装，实惠粗放。经过孔府厨师的改进，把它制作成为精致的小碗组装，极具地方文化特质又不失精美优雅之美，颇见孔府烹饪之功夫，如图6-16所示。

4. 满湖飘银

满湖飘银是由微山湖特色的“飘鱼丸”发展而来。用细腻的新鲜鱼肉制作的细小鱼丸子，小巧玲珑，乳白晶莹，飘浮在清澈见底的高汤中，确有满湖飘荡银丸的意境。食之细腻滑润、清爽利口，为饮宴醒酒之佳品，如图6-17所示。

5. 烤花揽鳜鱼

烤花揽鳜鱼是孔府著名的菜品之一，传统的制作是用一条大鱼为之。儒风运河宴制作的烤花揽鳜鱼，则是将处理好的鱼肉馅料包裹在酥软的面皮中，用鱼形的馃模压制成为鱼的形状，入烤箱烤制而成，人手一份，别具特色，不同凡响，如图6-18所示。

图6-17　满湖飘银

图6-18　烤花揽鳜鱼

图6-19　一品绣球干贝

6. 一品绣球干贝

一品绣球干贝是在传统“绣球干贝”的基础上改良而成。儒风运河宴为了展示效果，特别制作了一个超大的“绣球干贝”，并冠以“一品”之名，提升了传统菜品的品位和审美特色，令人产生对孔府宴席的震撼之感，难以忘却，如图6-19所示。

7. 原味烤大虾

传统的大虾制作以清蒸、烧烹、煎熗见长，而儒风运河宴却打破常规把新鲜的大虾进行烤制，是一种创新。鲜香的大对虾，放入烤箱烤至外皮酥脆红亮，虾肉鲜美有嚼头，给人一种新鲜的口感尝试，原形、原味的食材展示也是该菜肴的风格之一，如图6-20所示。

8. 论语酥

论语酥是一道精美的酥点，其形象优雅的造型令人爱不释手。这既是一种传统技艺的展示，更是孔府饮食文化的彰显。而“论语酥”创意点心的制作，意味着孔府菜的创新发展进入了一个新的时代，如图6-21所示。

图6-20　原味烤大虾

图6-21　论语酥

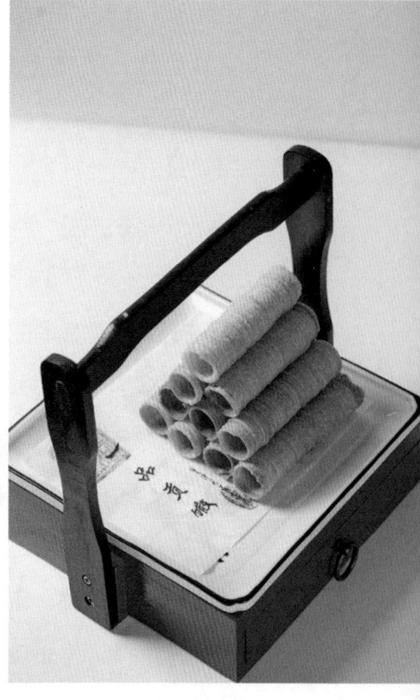

图6-22　孔府贡馓

9．孔府贡馓

“馓子”是齐鲁大地流行的一种地方美食，据说传承历史久远。旧时孔府制作的馓子由于美味可口而成为清朝年间的贡品，赢得满朝文武官员的称赞。经过现在面点师改进的“孔府贡馓”在造型上突破了传统的认知，把它加工成为酥脆可口、形状精美、食用方便的点心，如图6-22所示。

第三节　孔府品味宴

孔府品味宴是由曲阜铭座杏坛宾馆融合现代品质生活设计开发的孔府饮食文化主题宴席。首先，孔府宴是我国古代最具有文化内涵和礼仪背景的宴饮形式，因此具有高品质、高品位的特点。当代人们的生活水平随着经济水平的提高，日益需要有品质、有品位的饮食体验。于是，曲阜铭座杏坛宾馆在传统孔府宴席的基础上，融合当代人的品质生活需求，以有品味和有品位的视角，设计开发了孔府品味宴的餐饮产品，意在通过饮宴活动的体验，使客人感受传统文化元素和时代审美特色相融合的品味生活，孔府品味宴席面如图6-23所示。

图6-23　孔府品味宴席面

一、文化创意

孔府品味宴席是曲阜铭座杏坛宾馆历经多年的创意实践，秉承“礼食和德”的饮食理念，挖掘孔府饮食的历史底蕴，传承和创新孔府菜品的文化内涵，通过对菜品生产及服务环节的拆解、重组，精心打造的餐饮品牌。有品位的饮食享受不仅仅存在于古代的孔府，而是应该让传统的孔府饮宴服务于今天的广大民众。因此孔府品味宴以品质立信、以礼制约行、以文化入味。传统技法与技艺融合时代新品味与新品位，让顾客在享受主题文化宴席与当代的美食健康的同时，品味、体验儒家传统文化之美与孔府传统饮宴之美。

孔府品味宴席的设计，以“源自孔府的味道”为宗旨，以时尚的形式展示孔府宴席之美。在菜品运用上以四冷摆碟为序幕，以孔府四味席点为押桌，展示了儒家饮食文化的礼仪规制。热菜与点心则有时蔬养生汤、翅汤干贝、一品鸽煲翅、圣府牛肋排、鸡蓉绣球羊肚菌、香烤酥皮牛肉、翡翠莲子、红糯方糕、红豆南瓜包等。

二、精选菜品

1. 翅汤干贝

翅汤干贝以其美观大气的造型赢得了客人的青睐。制作时将调制好的鸡料子在盘内抹成略微隆起的丘陵形，然后将经过发制入味、大小一致的干贝嵌在鸡料子上面，成为造型美观、排列有序的绣球花纹形状，入笼蒸制成熟，出锅后调入金黄色的汤汁即可，如图6-24所示。

图6-24 翅汤干贝

图6-25 一品鸽煲翅

图6-26 鸡蓉绣球羊肚菌

2. 一品鸽煲翅

一品鸽煲翅是一道造型优美的菜肴。乳鸽富有良好的滋补保健功能，烧制软烂的鸽肉，调以红亮的汤汁，鲜香馥郁，柔软隽美，成为孔府品味宴席中的佳品，如图6-25所示。

3. 鸡蓉绣球羊肚菌

鸡蓉绣球羊肚菌是把调制好的鸡料子在盘内抹成丘形，然后将经过腌制入味、改刀的刀口面朝外，嵌在鸡料子上面，成为造型美观、密集花纹的绣球形状，入笼蒸制成熟，出锅后调入金黄色的汤汁即可，是一道难得的创新菜品，如图6-26所示。

4. 翡翠莲子

翡翠莲子是孔府菜肴中以莲子为主料创制的新品之一，把烧制熟透的莲子与翠绿色莴笋片相间拼摆于盘内，给人以清新爽朗之感，如图6-27所示。

5. 香烤酥皮牛肉

香烤酥皮牛肉是一款创新的孔府菜，运用油酥面皮包裹烧制成熟的牛肉，加工成为包袱形状，然后入烤箱烤制而成。成品外酥香，内鲜嫩，加上优雅的装盘，令客人耳目一新，如图6-28所示。

6. 时蔬养生汤

时蔬养生汤是一道应季的清淡菜品，主要运用孔府的三套汤，根据不同的季节选用应时的新鲜蔬菜2～3种搭配而成，具有良好的清爽之感，可以起到醒酒振食的效果，如图6-29所示。

图6-27　翡翠莲子

图6-28　香烤酥皮牛肉

图6-29　时蔬养生汤

7. 席点一组

图6-30和图6-31是孔府品味组合宴席中的一组宴用点心，分别是红豆南瓜包和红糯方糕，都属于创新的范围，但加工技艺是传承传统孔府面点制作技术的。红豆南瓜包是用南瓜汁调制的发酵面团，内包裹红豆馅，制作成南瓜的形状蒸制而成，色形皆与南瓜无别；红糯方糕则是用红糯米粉蒸制为糕团，内包裹白色的馅心，加工成方向，外表滚粘一层椰蓉即可。两种点心色形俱佳，搭配合理。

8. 三丝如意卷

三丝如意卷是一道面、菜融合的创新菜品。将三种颜色不同的食材加工成细丝，经过调味后，卷入预制好的油酥面团中，加工成长卷，烤制成熟后，用刀改成均匀的圆形段，摆放于大盘内即可，如图6-32所示。

图6-30 红豆南瓜包

图6-31 红糯方糕

图6-32 三丝如意卷

第四节　意境孔府菜

所谓意境孔府菜，是以宴席组合的形式来展示孔府菜的精美，是由东方儒家杏坛世家大酒店研发设计而成的孔府饮食文化主题宴席。所谓意境就是把儒家饮食文化元素、孔府饮食文化精华运用一种意象式菜肴组合方式，通过宴席的体验来表达文化意义，让客人在一种美味享受与美好意境中感受孔府饮食文化的魅力，意境孔府菜席面如图6-33所示。

图6-33　意境孔府菜席面

一、文化创意

意境孔府菜席面不是严格意义上的宴席，是运用朦胧的多种风格菜肴组合的形式，来表达一种文化意境与审美意象。在菜肴的遴选和创意中，有传统的孔府菜，也有改进的孔府菜，更有创意的孔府菜。其中最有代表性的一道“天山来雪”，几乎是以一个典型的艺术图像和朦胧的意境展示给客人。该菜品的创意或许从表面上看不会认为具有食用价值，但却都是运用优质食物加工而成，不仅可观赏，还可以品尝，使整个的宴席组合具有一种文化意象与艺术意境的体验感。这或许是未来包括孔府饮食文化主题宴席在内设计发展的方向所在。意境孔府菜在菜品的遴选上有独到的视角，冷菜以“花拼锦上添花”亮相席面，具有夺目眼球的效果。热菜包括鼎味八仙盅、芥酱鲍鱼、战斧牛排、藜麦肘花、锅烧羊肉、特色板栗、孔融让梨、满腹经纶、天山来雪等，构成了意境孔府菜的整体之美。其中的战斧牛排、孔融让梨、满腹经纶、天山来雪等菜品的创意，闻其名字就颇具画面感，令人思绪万千、遐想无穷。

二、精选菜品

1. 战斧牛排

战斧牛排的创意之处在于它的意境之美。牛排带骨烧制后，经过拆解，在盘内摆出一个古代战斧的形状，色形俱美。儒家虽然反对战乱，但历史上以戈止武却是不争的事实。因此，此菜的创意颇具以戈止武，体现儒家和平盛世的理念，如图6-34所示。

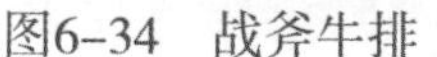

图6-34　战斧牛排

图6-35　福字蒸碗糕

图6-36　锦上添花

2. 福字蒸碗糕

福字蒸碗糕是鲁西南地区民间四蒸碗的一种，大多是运用鸡鸭鱼肉等普通食材，码碗上笼蒸制，为了寓意美好，并在蒸碗的表面镶嵌不同的祝福语，如“福寿绵长”之类，如图6-35所示。

3. 锦上添花

锦上添花是一个传统的大型冷菜花色拼盘，图案选用锦鸡与牡丹花的形象，构筑成为锦上添花的美好寓意，使客人在享受美味的同时又能感受到创意的意境之美，如图6-36所示。

4. 藜麦肘花

藜麦肘花的创意设计具有时代气息，传统的水晶肘花的制作，搭配最流行健康特色的藜麦，置于一个紫色的盘子内，给人一种强烈的引人入胜的感觉，为宴席增添品味的氛围，如图6-37所示。

图6-37　藜麦肘花　　图6-38　芥酱鲍鱼　　图6-39　天山来雪

5. 芥酱鲍鱼

芥酱鲍鱼是把传统鲁菜“原壳鲍鱼”进行了改进与表现形式的创意，用新颖刺激的芥酱调味，搭配、点缀多种花色食材，放置传统的提梁木质食盒中，创造了一种优雅、大方、雄壮之美的气氛，不失为宴席佳品，如图6-38所示。

6. 天山来雪

天山来雪是一道创意价值高于食用意义的菜肴。在一个乳白色的花瓶中，置于用丝杆挑起的三色食馔，然后运用炒糖拉丝的技术在菜肴上布满晶莹剔透、闪闪发光、若隐若现的糖丝，营造了一种飘渺朦胧之美的意象。而命名为“天山来雪”更使人产生无限的遐想和思绪，如图6-39所示。

7. 创意点心一组

孔府品味宴席中的一组点心，大有耀眼夺目的震撼效果，在一对湖蓝色的精美食盒内，分别盛装孔融让梨和满腹经纶两种创意点心，可谓妙不可言，令人垂涎。两种点心的技艺都是传统的，但运用之妙在于把他们加工成为秋梨

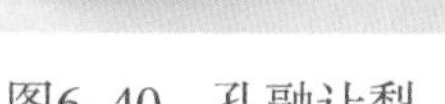

图6-40　孔融让梨

图6-41　满腹经纶

图6-42　特色板栗

和竹简书论语的形象，并赋予一个与孔府文化密切关联的名字，那种借助美食体验儒家文化的效果不言而喻，如图6-40、图6-41所示。

8. 特色板栗

特色板栗选用山东泰山出产的板栗，经过精心秘制而成，属于一道甜品类菜肴。酱色红亮的秘制板栗，置于翠绿如滴的氛围之上，充分显示出来孔府宴席的壮美风格，如图6-42所示。

9. 鼎味八仙盅

鼎味八仙盅是传统孔府菜一品八仙汤的改良版本，把传统的汤盬更换成人手一位的仿古小陶鼎，用孔府三套汤融合八珍真味食材，使菜肴彰显出古朴典雅、优美大气的审美情调，不失为开宴座汤的妙品，如图6-43所示。

图6-43　鼎味八仙盅

第五节　信达孔府家宴

一、文化创意

信达孔府家宴是由兖矿信达酒店融合孔孟饮食文化，结合市场的需要研发推出的一种以商务接待、家庭聚会为主的孔府文化主题宴席。兖矿信达酒店地处孟子故里邹城，酒店烹饪工作人员将宴席主题确定为：以儒家文化的诚信为核心点，把孔府宴席文化与孟府的宴席文化有机融合创意，并将宴席的表现形式与现代宴席的规则相互融合，形成了富有孔孟饮食文化综合特色的文化主题宴席，是典型的融传统孔府饮宴文化与时尚饮食消费审美为一体的宴席产品。在宴席的菜品设计上也具有良好的融合性特征。

二、精选菜品

1. 赛熊掌

野生动物黑熊已经成为保护动物，传统宴席餐桌上的珍贵菜肴熊掌成为历史，但为了传承孔府烹饪文化，创意人就用猪的五花肉等食材代替，加工成为熊掌的形状，调制为熊掌特有的味道特征，成为宴席中的一道大菜。既可欣赏到传统佳肴的风采，又使传统的熊掌烹饪技艺得到了传承，如图6-44所示。

图6-44　赛熊掌

图6-45　绣球鱼翅

2．绣球鱼翅

绣球鱼翅是孔府中的一道传统大菜，但由于鱼翅出自于海洋保护鱼类的鳍，因此该菜肴在食材的选用上使用了高品质的人造鱼翅。人造鱼翅，不仅形象逼真，而且营养丰富，口感、色泽俱佳。同时，用虾泥与鸡肉泥调制成的丸子，也别有一番风味，避免了传统一种原料制作绣球丸子的单调感，使传统的绣球鱼翅焕发了新的生命力，如图6-45所示。

3．阳关三叠

阳关三叠是孔府中的一道传统名菜，在目前的许多酒店中都有制作，用料、烹饪方法大致相同。但本款菜肴在表现形式和意境设计上，突破了传统，运用了时尚的审美元素与情景化的装饰手法，给人以场景化的体验与美味菜肴的品鉴融为一体，成为富有本酒店特色的孔府菜品之一，如图6-46所示。

4．带子上朝

孔府菜中的"带子上朝"由于文化寓意美好，而成为具有代表性的孔府菜之一。但历史上的"带子上朝"有多种做法。该菜肴选用了鸭子、小雏鸡、乳鸽三禽由大到小的意境配合，采用传统砂锅烧煨的方法而成，成品具有色泽深红、肉质鲜香、汁浓味厚、酥烂可口、造型美观、意境优美的特色，不失为宴席佳肴，如图6-47所示。

图6-46　阳关三叠

图6-47　带子上朝

5. 长寿蜜桃

寿桃的制作，在孔府或是孟府都是寿宴中必备的面点。孔府中有一品寿桃，只有“衍圣公”及其健在的母亲或是夫人寿宴时才能够奉献。其他的寿宴则不能享用一品寿桃，只有使用其他形式的寿桃。本寿桃的制作采用每位各吃的形式，用山药面团包裹馅料制作而成。每盘一个，每人一份，造型优雅，寓意美好，是孔府家宴中的上品，如图6-48所示。

图6-48　长寿蜜桃

图6-49　香蕉酥

6. 香蕉酥

香蕉酥是一道引入孔府宴席中的象形点心新品，运用传统孔府水油酥面团的制作技艺，造型为香蕉的形象，外挂一层蛋黄液，烤制成熟后金黄油亮，形如香蕉，口感酥软，是宴席中的美点之一，如图6-49所示。

参考文献

[1] 左丘明. 国语[M]. 上海：上海古籍出版社，1978.

[2] 孔鲋撰. 孔丛子[M]. 周海生译. 北京：中华书局，2009.

[3] 刘乐贤. 孔子家语[M]. 北京：北京燕山出版社，1995.

[4] 孔颖达疏. 唐宋注十三经·礼记注疏[M]. 北京：中华书局，1998.

[5] 朱熹撰. 论语集注[M]. 济南：齐鲁书社，1992.

[6] 刘宝楠撰，高流水点校. 论语正义[M]. 北京：中华书局，1990.

[7] 陈澔注. 礼记集说[M]. 上海：上海古籍出版社，1987.

[8] 袁枚. 随园食单[M]. 广州：广东科学技术出版社，1983.

[9] 林尹注译. 周礼今注今译[M]. 北京：书目文献出版社，1985.

[10] 张廉明. 孔府名撰[M]. 济南：山东科学技术出版社，1986.

[11] 中国孔府菜研究会. 中国孔府菜谱[M]. 北京：中国财政经济出版社，1987.

[12] 万有葵，贾振福. 中国全宗孔府宴[M]. 济南：山东友谊书社，2002.

[13] 赵荣光. 天下第一家衍圣公府饮食生活[M]. 哈尔滨：黑龙江科学技术出版社，1989.

[14] 赵荣光. 天下第一家衍圣公府食单[M]. 哈尔滨：黑龙江科学技术出版社，1992.

[15] 赵建民. 孔府美食[M]. 北京：中国轻工业出版社，1992.

[16] 孔德懋. 孔府内宅轶事[M]. 天津：天津人民出版社，1987.

[17] 叶涛，陈学英，陈凡明. 孔子故里风俗[M]. 北京：华语教学出版社，1993.

[18] 济宁地区出版办公室. 曲阜概览[M]. 济南：山东人民出版社，1983.

[19] 曲春礼. 孔子传[M]. 济南：山东友谊出版社，1997.

[20] 中国社会科学院历史研究所. 曲阜孔府档案史料选编[M]. 济南：齐鲁书社，1983.

[21] 孔德懋. 孔子家族全书·家规礼仪[M]. 沈阳：辽海出版社，1999.

[22] 林永匡，王熹合. 清代饮食文化研究[M]. 哈尔滨：黑龙江教育出版社，1990.

[23] 济宁市文物局. 孔府珍藏[M]. 济南：齐鲁书社，2010.

[24] 孙嘉祥，赵建民．中国鲁菜文化[M]．济南：山东科学技术出版社，2009.
[25] 曲均记，赵建民．中国鲁菜文脉[M]．北京：中国轻工业出版社，2016.
[26] 赵建民，金洪霞．中国孔府菜文化[M]．北京：中国轻工业出版社，2016.
[27] 王冠良．味道济宁[M]．北京：中国轻工业出版社，2016.

后记

2021年9月，每年一度的“中国孔府菜美食节”如期举行，迄今为止已经举办了七届，2021年是第八届。但由于新冠疫情的影响，规模较之前几届要小得多。本届“中国孔府菜美食节”以孔府宴席为主要活动内容，来自山东省内的济南、济宁、菏泽、东营、曲阜、邹城等地的酒店、餐饮企业参与了“孔府主题文化宴席”的台面展示。同时还举行了“中国孔府菜保护与传承发展论坛”，取得了圆满成功。

“第八届中国（曲阜）孔府菜美食节”活动刚刚结束，就传来了山东省委领导关于弘扬优秀传统文化，打响“孔府文化”金字招牌的指示。山东省委领导的这一明确指示精神，对多年来从事孔府菜餐饮经营、挖掘整理、学术研究、菜品创新研发的工作者是莫大鼓舞和支持。为了全面落实山东省委领导的指示精神，济宁市文化和旅游局联合济宁市烹饪餐饮业协会与山东鲁菜文化博物馆，把“第八届中国（曲阜）孔府菜美食节”参加展示的“孔府主题文化宴席”的资料进行了整理，并将近期对孔府宴、孔府宴用餐具、孔府酒的研究资料一并汇编成册，赋名《中国孔府宴》出版发行。该书不仅对参加展示的“孔府主题文化宴席”的精华内容进行了图文并茂的反映，而且还对孔府宴的历史渊源、审美风格等方面进行了诠释和研究。同时对与孔府宴相关联的孔府餐具、孔府酒也进行了文化解读。《中国孔府宴》是迄于目前唯一的一部系统研究与展示中国孔府宴席的专著，具有理论与实操并举、图文并茂的特色，是广大烹饪工作者、饮食文化研究者以及美食爱好者的必修读物。

入编《中国孔府宴》“孔府主题文化宴席”案例共有13家酒店、餐饮企业及孔府宴酒业。他们分别来自山东大厦、济宁东方儒家酒店集团、山东蓝海酒店集团、济南市舜耕山庄、济宁市香港大厦、曲阜政德教育培训有限公司、曲阜市阙里宾舍、邹城市范大碗餐饮管理有限公司、山东经发孔府宴酒业有限公司等单位。在此谨以编撰《中国孔府宴》委员会的名义向这些为之做出贡献的单位和机构表示衷心的感谢。在此还要特别感谢的是中国烹饪协会原副会长冯恩援，于百忙之中为本书撰写序文，为《中国孔府宴》一书增添无限光彩。

同时，由于《中国孔府宴》一书的编撰时间仓促，加之编撰者的水平所限，书中难免有遗漏之处，尚祈各位专家学者与广大读者予以批评指正，在此谨致诚挚感谢！

《中国孔府宴》编委会

2022年4月

孔府宴

孔府宴